Pareto-Prinzip

Wie das Pareto-Prinzip und Minimalismus Ihr Zeitmanagement verbessert und Sie mit 20 % Einsatz 80 % Ergebnisse erreichen und Ihnen somit mehr Zeit für das wesentliche im Leben bleibt.

Paul Williams

Über den Autor

Paul Williams, geboren am 23.03.1977 in Atlanta des Bundesstaates Georgia in Amerika, folgte seiner deutschen Mutter nach der Trennung seiner Eltern im Jahr 1986, nach Hamburg in Deutschland. Hier lebt er nun seit 1986 und möchte auch, nachdem er 2006 seine jetzige Frau heiratete, für immer in Hamburg bleiben. Die Autoren Gene allerdings hat er von seinem Vater, welcher Romane in Amerika veröffentlichte. Paul allerdings hat sich für eine andere Richtung interessiert. Er wollte schon immer den Menschen helfen und beschloss, nachdem er erfolgreicher Personalmanager wurde, Bücher im Bereich Persönlichkeitsentwicklung zu schreiben und somit den Menschen zu helfen, sich weiter zu entwickeln. Die Persönlichkeit eines jeden einzelnen Menschen ist so individuell, lässt sich aber mit einigen Methoden sehr gut trainieren. Das möchte Paul Williams mit seinen Büchern jedem Menschen beibringen.

Inhalt

Vorwort

Was ist der Sinn des Lebens?

Dies ist ganz ohne Zweifel eine der Fragen, die uns Menschen bereits seit geraumer Zeit beschäftigt und einfach nicht mehr loslässt. Und dennoch haben wir bis heute keine Antwort darauf gefunden … Nun, zumindest gibt es keine offizielle, „richtige“ Antwort darauf.

Stattdessen definiert jeder von uns diese Frage unterschiedlich: Während manche der Meinung sind, im Leben geht es um Status, Macht und Erfolg, sehen andere den Sinn eher darin, Spaß zu haben und jeden Tag im Hier und Jetzt zu leben.

Warum ich Ihnen das gerade erzähle? Weil beide Auffassungen eines gemeinsam haben: Sie beruhen auf der Tatsache, dass wir als Menschen nur eine bestimmte Zeit auf diesem Planeten verbringen dürfen. Irgendwann ist es aus, ob wir wollen oder nicht.

Gerade deshalb ist es so extrem wichtig, die eigene Zeit optimal nutzen zu können, um am Ende des Lebens so wenig wie möglich zu bereuen. Und genau darum geht es in diesem Buch im Grunde genommen auch!

Auf den folgenden Seiten werden Sie alles Rund um das sogenannte „Pareto-Prinzip“ erfahren, was Sie wissen müssen. Dies wird es Ihnen ermöglichen, Ihre Pflichten so effizient und schnell wie möglich erledigen zu können, was wiederum in mehr „freier Zeit" resultiert, die Sie dann nutzen können, wie Sie möchten!

Lernen Sie neue Hobbys kennen, stärken Sie die Verbindung zu Ihrer Familie oder bauen Sie Ihre Fähigkeiten in bestimmten Themengebieten aus … Die Entscheidung liegt ganz bei Ihnen!

Es gibt allerdings dennoch zumindest eine Sache, die Sie beachten sollten: Dieses Buch wurde dafür geschrieben, Leben zu bereichern und einzelnen Personen dabei zu helfen, ihre Ziele zu erreichen, wie auch immer diese aussehen mögen.

Behandeln Sie die Kapitel dieses Buches also nicht wie die eines Romans, sondern sehen Sie diese eher als eine Art Wissensquelle an. Denn wenn Sie sich die Intention setzen, aus diesem Buch wirklich etwas zu lernen, dann werden Sie das auch!

In diesem Sinne wünsche ich Ihnen viel Spaß beim Lesen und darüber hinaus natürlich viel Erfolg bei der Anwendung des Pareto-Prinzips!

Was ist dem Menschen wichtig?

Schauen wir uns, um ein ordentliches Zeitmanagement besser wertschätzen zu können, noch einmal genauer an, was einem Menschen denn grundsätzlich alles wichtig ist.

Selbstverständlich besitzt zwar jedes Individuum seine eigenen ganz persönlichen Vorstellungen von Glück, aber es gibt durchaus ein paar Dinge, nach denen sich jeder gleichermaßen sehnt und die mithilfe des Pareto-Prinzips einfacher erreicht werden können.

Finanzielle Freiheit

Geld ist zwar nicht alles, aber dennoch ein sehr wichtiges Thema. Wer in dieser Welt kein Geld hat und nicht gerade ein Leben als Aussteiger in der Natur anstrebt, wird sein Leben lang nicht glücklich werden.

Der Grund dafür ist eigentlich ziemlich offensichtlich: Als Tauschmittel bestimmt Geld, welche Besitztümer wir uns anschaffen können, wie sicher wir hausen und noch vieles mehr. Sollten Sie oder eine Person, die Ihnen nahe steht immer noch der Meinung sein, dass Geld nicht wichtig ist, sollten Sie sich die Folgenden Beweise ansehen:

- In heftigen Ehestreiten geht es in den meisten Fällen um finanzielle Themen.
- Die meisten Probleme einer Person entstehen durch zu wenig Geld (Ärger mit dem Finanzamt oder in manchen Fällen sogar mit dem Gesetz).

Darüber hinaus bedeutet eine finanzielle Freiheit ebenso …

… die Möglichkeit, einen persönlichen Traum zu verwirklichen,

… ein glücklicheres Leben durch weniger finanzielle Probleme,

… mehr Möglichkeiten, anderen Menschen zu helfen,

… die Möglichkeit, den eigenen Kindern die Erfüllung ihres Traumes zu verwirklichen,

… dazu fähig zu sein, sich zu 100 % so verwirklichen und zu leben, wie man es wirklich möchte.

Stressfreies Leben

Selbst diejenigen, die viel Geld oder Berühmtheit anstreben, sehnen sich gleichzeitig auch danach, dabei so wenig Stress wie möglich ausgesetzt zu werden. Wir haben nun mal das Verlangen, Tätigkeiten auszuüben, die uns entspannen und glücklich machen.

Das dies in der Realität nicht voll und ganz möglich ist, brauche ich Ihnen wahrscheinlich gar nicht erst näherbringen. Dennoch muss diesbezüglich auch gesagt werden, dass es durch „Tricks“ wie dem Pareto-Prinzip möglich ist, einem stress- und sorgenfreien Leben so nah wie möglich zu kommen.

Zeit für Familie, Freunde und Hobbies

Der Mensch ist ein soziales Tier. Abgesehen von psychisch kranken Personen besitzt ausnahmslos jeder von uns das tiefsitzende Verlangen, Zeit mit anderen Menschen zu verbringen. Prinzipiell kann man also auf jeden Fall sagen, dass Zeit mit Familie und Freunden extrem wichtig für die psychische Gesundheit und das Wohlbefinden eines jeden Einzelnen ist.

Das Gefühl, Menschen zu kennen, auf die man sich verlassen kann, hilft uns dabei, selbstbewusster, energischer und stärker zu werden.

Auch die Möglichkeit, gewisse Hobbies ausüben zu können, ist uns sehr wichtig, da uns diese von unserem Alltag ablenken und uns in eine positive Stimmung bringen können.

Gesundheit

Unsere Gesundheit ist eigentlich das Wichtigste überhaupt. Egal, wie viel Geld man besitzt oder wie viele Freunde man hat: Wer gesundheitliche Probleme bekommt, ist diesen häufig fast schutzlos ausgeliefert.

Zwar gibt es in der modernen Zeit natürlich auch immer mehr Möglichkeiten, gewissen Krankheiten vorzubeugen oder zu behandeln, aber diese sind eben nicht immer zu 100 % erfolgreich.

Ganz hoffnungslos ist die Sache dann aber natürlich auch nicht: Immerhin hat jeder Mensch neben den medizinischen Möglichkeiten die Wahl darüber, wie er seinen Lebensstil gestaltet. Wer ständig Zigaretten raucht und feiern geht, ist natürlich gefährdeter als ein Nichtraucher der sich ausgewogen ernährt und regelmäßig Sport macht.

Wie wird man erfolgreich?

Eine weitere Sache, die wir alle miteinander gemeinsam haben: Wir möchten am Ende unseres Lebens sagen können, dass wir etwas erreicht haben. Wir möchten uns während unserer Lebenszeit wie ein Gewinner fühlen und auf gar keinen Fall so, als wären wir Verlierer.

Bevor wir näher auf dieses Thema eingehen, sollte noch eine Sache gesagt werden: Die Definition von Erfolg ist, wie bereits erwähnt wurde, von Person zu Person unterschiedlich. Wenn in den folgenden Zeilen also von „Erfolg" gesprochen wird, ist damit nicht zwanghaft nur den Besitz eines Sportwagens gemeint!

So, da wir dies nun geklärt haben, möchte ich etwas genauer darauf eingehen, wie man denn überhaupt erfolgreich wird. Schafft man das etwa ausschließlich mit dem Pareto-Prinzip?

Nein. Wenn ich das behaupten würde, würde ich lügen … Das Pareto-Prinzip ist zwar die optimale Möglichkeit, mehr Zeit zu gewinnen und gleichzeitig mehr Ergebnisse zu erzielen, aber das heißt noch lange nicht, dass es eine Art „magischer Schlüssel" zu all Ihren Träumen ist.

Und da dieses Buch ja dafür gedacht ist, Ihr Leben zu bereichern, wird dieses Kapitel ein wenig auf die Frage eingehen, wie man erfolgreich wird.

Erfolgreiche Personen und ihre Gemeinsamkeiten

Woher wissen wir, wie wir es schafften, erfolgreich zu werden?

Probiert man einfach so lange verschiedene Herangehensweisen aus, bis es irgendwann einfach klappt? Naja, dass könnte man zwar rein theoretisch machen, aber auf diese Weise würde die ganze Sache nur unnötig lange dauern.

Stattdessen kann man doch einfach die Leute analysieren, die bereits erfolgreich sind! Und wenn man sich dafür wirklich mal ein wenig Zeit nimmt, wird man zu dem Ergebnis kommen, dass erfolgreiche Menschen tatsächlich einige Dinge gemeinsam haben …

Mindset: ALLES ist möglich

Die erste Gemeinsamkeit liegt in der Einstellung, dass alles möglich ist, was man sich vornimmt. Natürlich gibt es auch hier gewisse Extremfälle, z. B. wird man als Querschnittsgelähmter vermutlich nie wieder so laufen können, wie man es mal konnte.

Abgesehen von solchen Fällen glauben erfolgreiche Menschen allerdings fest daran, dass sie alles erreichen können, was sie sich vornehmen … Und sie behalten damit Recht!

Der richtige Umgang mit Fehlern

Wirklich niemand ist davor befreit, im Laufe des Lebens einige Fehler zu machen. Was hier die Erfolgsgeschichten von den „Verlierern" unterscheidet, ist die Art und Weise, wie sie mit dieser Tatsache umgehen.

Für viele Menschen sind Fehler etwas Schreckliches, vor dem man davonlaufen sollte. Sie fürchten sich sogar schon fast davor, Fehler zu machen, weil sie entweder zu streng mit sich sind oder Angst davor haben, was die Menschen in ihrer Umgebung dazu sagen werden.

Wenn Sie in Ihrem Leben etwas erreichen wollen, müssen Sie diese Sichtweise komplett ablegen und durch eine positive ersetzen. Die Realität sieht nämlich folgendermaßen aus: Fehler lassen sich oft nicht vermeiden, aber wenn sie erst einmal begangen worden sind, können wir aus ihnen lernen und diese somit für unser Vorankommen nutzen.

Wenn Sie das Maximale aus dieser Thematik herausholen möchten, können Sie sich gleichzeitig angewöhnen, auch von den Fehlern anderer zu lernen, anstatt sie dafür zu verspotten.

Dankbar, aber zielstrebig

Sind Sie unzufrieden? Gut, dann werden Sie vermutlich auch genug Energie dafür aufwenden, die Dinge zu erreichen, die Sie erreichen wollen. Was Sie dabei allerdings auf gar keinen Fall vergessen sollten, sind die Dinge, die Sie bereits besitzen!

Schon alleine die Tatsache, dass Sie gerade dieses Buch lesen können und heute nicht hungern mussten, sind schon zwei Dinge, die tatsächlich gar nicht so selbstverständlich sind, wie Sie denken.

Also: Erfolgreiche Menschen sind für alles dankbar, was sie haben, streben aber gleichzeitig stetig nach mehr!

Selbstwertgefühl

Menschen, die Ihre Ziele erreicht haben oder erreichen werden, wissen ganz genau, dass sie es auch wert sind. Sie machen sich nicht wegen früheren Fehlern fertig oder denken auch nur eine Sekunde daran, sie wären nicht gut genug für etwas.

Langsam, aber sicher

Eine weitere Sache, die erfolgreiche Menschen gemeinsam haben, ist der Wille, jeden Tag ein wenig besser zu sein, als sie es gestern waren. Sie gehen kleine Schritte, die sie langsam, aber sicher, zu den gewünschten Ergebnissen führen und sehen ihr Selbst aus der Vergangenheit fast schon wie eine Art Gegner an, den es zu übertreffen gilt.

Offenheit

Wer sich vor Neuem verschließt, wird sich nie weiterentwickeln! Erfolgreiche Persönlichkeiten sind stets offen dafür, neue Dinge zu lernen oder ihr vermeintliches Wissen in Frage zu stellen.

Wieso gibt es nicht mehr erfolgreiche Leute?

Wenn es doch durchaus möglich ist, gewisse Erfolgsmerkmale zu erkennen, warum gibt es dann dennoch vergleichsweise wenige wirklich erfolgreiche Menschen? Bestätigt diese Tatsache etwa das Klischee, dass erfolgreiche Menschen bereits mit erfolgreichen Eltern und/oder Bekanntschaften geboren wurden?

Auf jeden Fall nicht! Ganz im Gegenteil: Für jede Person, auf die dieses Klischee zutrifft, gibt es mindestens eine andere, die am Anfang des Weges eher weniger Glück hatte. Dass es eher wenige erfolgreiche Persönlichkeiten auf der Welt gibt, liegt eher an unserer menschlichen Psyche.

Diese ist nämlich von Grund auf darauf eingestellt, so wenig negative Dinge wie möglich zu erleben, was aus evolutionärer Sicht ja auch durchaus Sinn macht. Stark zusammengefasst hat sich daraus dann ergeben, dass unser Gehirn stets auf der Suche nach dem nächsten Reiz ist, welches es dazu bringt, Glückshormone auszuschütten.

Durch Dinge, die uns sofort glücklich machen (Zigaretten, zuckerhaltiges Essen, Alkohol usw.) werden wir also sofort mit positiven Hormonen belohnt, von denen wir natürlich immer mehr und immer öfter etwas abhaben wollen.

Andere Dinge, die zunächst ein wenig Durchhaltevermögen erfordern, sich im Nachhinein aber mehr lohnen (gesunde Ernährung, Sport usw.) kommen bei unserem Gehirn also lange nicht so gut an. Dummerweise sind aber genau das die Dinge, die unsere Lebensqualität fördern und uns in der Regel auch näher an unsere Ziele bringen.

Geld sinnvoll einsetzen

Ein eher minimalistisch bestimmter Lebensstil hat einen großen Vorteil, den man auf gar keinen Fall unterschätze sollte. Wer wenig Geld für Accessoires oder andere „unnötige“ Dinge ausgibt, hat im Umkehrschluss auch mehr Geld zur freien Verfügung!

Am Anfang dieses Buches habe ich ja bereits erwähnt, dass eines der menschlichen Grundbedürfnisse das Bedürfnis nach finanzieller Freiheit ist. Daher möchte ich Ihnen in diesem Kapitel ein paar Anhaltspunkte dafür geben, wie auch Sie dieses Ziel erreichen können.

Denken Sie erfolgreich!

Auch dieser Punkt wurde schon einmal kurz erwähnt. Egal, in welchem Bereich Ihres Lebens Sie auch Erfolg erlangen möchten … Die Grundvoraussetzung dafür ist, dass Sie erfolgreich denken!

Leider gibt es selbst in der modernen Zeit sehr viele Menschen, die der festen Meinung sind, dass man finanzielle Freiheit nur mit bestimmten Voraussetzungen erreichen kann. Solche Leute sind der Meinung, dass wohlhabende Leute …

… einfach nur Glück hatten.

… bereits mit wohlhabenden Eltern aufgewachsen sind.

… anderweitig von Anfang an finanzielle Unterstützung erhalten haben.

Klar, ein klein wenig Glück gehört auch dazu …, aber der Rest könnte nicht falscher sein. Tatsächlich ist es heutzutage nämlich so „einfach“ wie nie zu vor, finanzielle Freiheit zu erreichen. Der Grund dafür sind die vielfältigen Möglichkeiten der Informationsbeschaffung.

Wer sein Geld vermehren möchte, muss sich selbst weiterbilden und gewisse Dinge lernen. Dank des Internets hat heutzutage wirklich jeder die Möglichkeit, sich alle Informationen zu beschaffen, die er benötigt.

Für gewisse Dinge kann z. B. schon alleine YouTube eine große Hilfe sein (auch wenn man besonders dort gut aufpassen muss, welchen Personen man Glauben schenkt). Wie Sie sehen, ist das Einzige, was Personen mit dieser Einstellung aufhält, sie selbst.

Glauben Sie daran, dass auch Sie Ihre finanziellen Wünsche erfüllen können!

Da dieser wichtige Punkt nun abgehakt wurde, folgen nun ein paar grundlegende Dinge, die Sie über das Spiel des Reichwerdens wissen sollten. Beachten Sie aber bitte, dass die hier bereitgestellten Informationen nur einen Bruchteil von dem ausmachen, was Sie alles über dieses Thema lernen können!

Richtig mit Geld umgehen

Eine grundlegende Sache, die „Normalverdiener" von wohlhabenden Menschen unterscheidet, ist die Art und Weise, wie sie mit Geld umgehen. Menschen ohne großen Wohlstand legen Ihr Geld für gewöhnlich auf ein Sparbuch oder sparen generell so viel, wie es nur geht, um nach ein paar Jahren eine kleine Summe zur Verfügung zu haben.

Das diese Art von Umgang mit Geld keineswegs zu Reichtum führen kann, sollte eigentlich jedem auffallen, der mit logischem Denken an die Materie geht. Es ist praktisch unmöglich, wohlhabender zu werden, wenn man Geld einfach nur zur Seite legt.

Wohlhabende Menschen haben verstanden, dass dieses Sparverhalten zu nichts führt. Zwar ist es besser, als sein ganzes Geld auszugeben, aber dennoch sieht der richtige Umgang anders aus:

Sie sollten Sparen, um zu investieren und nicht sparen, um zu sparen!

Während „Normalverdiener" Ihr Geld „irgendwo rumliegen" haben, benutzen wohlhabende Menschen Ihr Geld für Investitionen allerlei Art. Dies ist übrigens auch einer der Hauptgründe dafür, dass die Reichen immer reicher werden!

Was ist eine Investition?

Eine weitere Sache, die Sie gegebenenfalls an Ihrer Einstellung ändern müssen. Tatsächlich haben Menschen mit einem vergleichsweise „kleinen" Vermögen häufig auch eine falsche Auffassung für das Wort „Investition".

Für viele ist es eine Investition, wenn sie mithilfe eines Bausparvertrags jahrelang Geld anhäufen, um sich damit dann ein Haus zu finanzieren. Sehen Sie hier den Fehler?

Wenn wir im finanziellen Sinne von einer Investition reden, dann reden wir immer von etwas, was unser Geld vermehrt. Ein Haus zu finanzieren mag zwar für ein angenehmes Wohnen sorgen, aber eine Investition ist es nicht, da dadurch kein Geld hereinkommt.

Ganz im Gegenteil: Man zahlt ja sogar monatlich Geld. Bedeutet das, dass wohlhabende Menschen ihr Geld nur für reine Investitionen ausgeben? Nein! Sie verwenden einfach nur ein Ausgabesystem, dass Sinn macht.

Nehmen wir zur Veranschaulichung einfach mal den Wunsch eines neuen Autos.

Falsche Herangehensweise:

So lange ein Teil des aktuellen Einkommens sparen, bis man sich das Auto kaufen kann oder das Auto in Raten zahlen/leasen?

Richtige Herangehensweise:

Ein Teil des jetzigen Einkommens in Dinge investieren, die nachhaltig Geld einbringen. Mit einem Teil des daraus entstandenen neuen Einkommens kann dann ein neues Auto gekauft werden.

Solange Sie sich an diese „Grundregel" halten und Geduld üben, werden Sie früher oder später Ihr Ziel erreichen! Übrigens: Wenn Sie mehr über dieses Thema erfahren möchten, kann ich Ihnen das Buch „Rich Dad Poor Dad" von Robert Kiyosaki empfehlen!

Wohin mit dem Geld?

„Ich habe das Grundprinzip ja jetzt verstanden, aber worin soll ich mein Geld denn jetzt genau investieren?"

Hierfür gibt es leider keine universelle Antwort. Es existiert keine einzige, perfekte Investition, die finanzielle Freiheit sicherstellt. Stattdessen gibt es tatsächlich mehrere Dinge, die eine Investition wert sind. Um Ihnen ein grobes Bild darüber zu verschaffen, ist hier eine kleine Auswahl.

Achtung: In dieser Liste befinden sich nicht nur Dinge, die Ihr Geld direkt vermehren! Stattdessen können Sie dort auch Investitionen finden, die Ihr Wissen erweitern und somit indirekt dazu führen, dass Sie zu mehr Wohlstand kommen.

- Immobilien
- Aktien
- Onlinestores
- Bücher
- Kurse
- Seminare

Minimalismus und Perfektionismus

Minimalismus

In diesem Buch wurde ja bereits erwähnt, wie wichtig es ist, gewonnene Zeit so sinnvoll wie möglich zu nutzen, wenn man gewisse Ziele im Leben erreichen möchte. Ähnlich wie bei der Zeit ist es auch durchaus wichtig, darauf zu achten, welche materiellen Dinge man in sein Leben lässt.

Aus diesem Grund schneiden wir in diesem Kapitel ein weiteres ziemlich interessantes Thema an: Minimalismus. Im Grunde bedeutete Minimalismus nichts anderes, als der Verzicht auf alles, was wir nicht wirklich benötigen.

Hardcore-Minimalisten leben aus diesem Grund wirklich nur mit den Dingen, die Sie zum Überleben brauchen: Essen, Wasser, Schutz und ein Schlafplatz. Fernseher? Fehlanzeige. Ein teures Auto? Muss nicht sein, da man ja immerhin laufen oder mit dem Fahrrad fahren kann.

Ich möchte Ihnen damit jetzt sagen, dass Sie Ihre Eigentümer ebenfalls bis auf ein paar extrem wichtige Dinge reduzieren sollten? Nein! Es sei denn,

Sie finden diese Idee so gut, dass Sie sie unbedingt ausprobieren möchten. In diesem Fall: Nur zu!

Für den extrem wahrscheinlichen Fall, dass Sie keineswegs ein kompletter Minimalist werden möchten, würde ich Ihnen dennoch empfehlen, ein paar Prinzipien des Minimalismus zu übernehmen. Wenn man das Pareto-Prinzip ganz genau unter die Lupe nimmt, hat es immerhin ebenfalls ziemlich viel mit Minimalismus zu tun.

Sich auf 20 % der 100 % Arbeit zu konzentrieren, könnte man durchaus als minimalistisches Verhalten anerkennen. Denken Sie also einfach mal über die folgenden Ideen nach und seien Sie währenddessen so unvoreingenommen wie möglich.

Entrümpelung

Zu viel „Kram" kann nicht nur zu Konzentrationsschwierigkeiten führen, sondern im großen Ausmaß sogar zu Anzeichen einer Depression. Zwar sind die Folgen natürlich nicht immer direkt so extrem, aber wenn Sie mal ganz genau darauf achten, sollten Sie durchaus eine negative Wirkung von „zu viel" bemerken können.

Es empfiehlt sich also ganz klar, einfach mal aufzuräumen. Nehmen Sie sich entweder einmal ein paar Stunden Zeit dafür, oder machen Sie es einfach Stück für Stück. Sie könnten es sich z. B. zur Gewohnheit machen, jeden Tag ein Teil Ihrer Besitztümer auszusortieren (natürlich nur, wenn Sie auch wirklich etwas finden, dass Sie nicht mehr benötigen).

Produkte selbst herstellen

Es gibt tatsächlich ein paar alltägliche Produkte, die Sie ganz einfach selbst herstellen können. Zahnpasta, Pflegespülungen und Ähnliches lassen sich oft mit relativ wenig Aufwand in ausreichenden Mengen selbst herstellen.

Die Vorteile: Man spart Geld und ist sich automatisch darüber im Klaren, welche Inhaltsstoffe im Produkt wirklich enthalten sind.

Digital Detox

Die ständigen Reize all unserer digitalen Gerätschaften können gesundheitliche Nachteile mit sich bringen. Zwar hilft uns die moderne Technik ganz ohne Frage bei sehr vielen alltäglichen Dingen weiter, aber wenn man erst einmal einen sogenannten „Digital Detox“ hinter sich hat, merkt man erst einmal, wie sich die digitale Welt auf uns auswirkt.

Der Digital Detox ist eigentlich ganz simpel: Man bestimmt im Vornherein ein gewisses Zeitfenster, in dem keinerlei digitale Reize erlaubt sind. Fernseher, Smartphone und PC sind während dieser Zeit also zu 100 % Tabu!

Wie Sie sich diese Zeit einteilen, ist natürlich Ihnen überlassen. Sie könnten sich einmal in der Woche einen ganzen Tag nehmen, um „abzuschalten“, oder Sie planen dafür einfach jeden Tag eine gewisse Zeit ein. Empfehlenswert ist es, sich das Zeitfenster entweder morgens oder abends einzuplanen.

Morgens kann ein Digital Detox vor allem in Verbindung mit anderen Gewohnheiten dafür sorgen, dass Sie besser gelaunt und mit mehr Energie in den Tag starten. In den Abendstunden ergibt sich der Vorteil, dass Sie schneller einschlafen können. Grund dafür ist fehlendes Blaulicht, welches von verschiedenen Bildschirmen ausgestrahlt wird.

Wohnung umplanen/aufräumen

Diese Idee ist ähnlich wie das Entrümpeln, aber dennoch ein wenig anders. Hier geht es nämlich nicht nur darum, unnötige Dinge loszuwerden, sondern die eigene Umgebung generell minimalistisch zu designen.

Heißt im Klartext: Weniger ist mehr! Man braucht nicht in jeder Ecke ein Accessoire und auch manche Schränke kann man oftmals einfach rausschmeißen, ohne im Anschluss Dinge offen herumliegen zu sehen.

Überlegen Sie sich ganz einfach, welche Teile Ihrer Wohnung Sie wirklich zum Leben/verstauen brauchen und auf welche Sie verzichten können.

Perfektionismus

Kommen wir zu einer Sache, die nicht nur die richtige Ausführung des Pareto-Prinzips behindert, sondern ebenfalls das Leben generell: Perfektionismus. Zwar existiert keine offiziell genaue Definition von Perfektionismus, weil sich die meisten Perfektionisten ein wenig voneinander unterscheiden, aber prinzipiell kann man ihn als ein zwanghaftes Streben nach Perfektion erklären.

Betroffene Personen sind selbst mit guten Leistungen häufig nicht zufrieden. Wenn sie an etwas arbeiten, muss es einfach perfekt sein … Und wenn es das nicht ist, arbeiten sie eben so lange daran, bis sie die vermeintliche Perfektion erreicht haben.

Perfektionismus im 5-Faktoren-Modell

Wer den Perfektionismus ein bisschen besser verstehen möchte, sollte sich ein wenig mit dem sogenannten 5-Faktoren-Modell beschäftigen. Der Grund: Perfektionismus ist das Resultat einer zu starken Ausprägung einer der fünf Faktoren.

Als international anerkanntes Standardmodell in der Persönlichkeitspsychologie besagt das Modell, dass sich die Hauptbestandteile der menschlichen Persönlichkeit in insgesamt 5 Skalen einordnen lassen:

1. Offenheit gegenüber Erfahrungen (oder auch Aufgeschlossenheit)
2. Gewissenhaftigkeit (oder auch Perfektionismus)
3. Extraversion (oder auch Geselligkeit)
4. Verträglichkeit (oder auch Kooperationsbereitschaft oder Empathie)
5. Neurotizismus (oder auch emotionale Sicherheit und Verletzlichkeit)

Da sehr perfektionistische Herangehensweisen also nichts weiter als Teile einer Persönlichkeit sind, lassen sie sich nicht ganz so einfach ablegen, wie man es sich vielleicht wünscht. Auf der anderen Seite machen sie ja nur einen Teil der Persönlichkeit aus, weshalb man durchaus an ihnen arbeiten kann.

Vor- und Nachteile von Perfektionismus

Wie schlimm kann eine perfektionistische Veranlagung eigentlich wirklich sein? Hat sie denn wirklich gar keine Vorteile? Naja, wie bei so vielen anderen Dingen auch, hat der Perfektionismus zwei Seiten.

Positive Seite des Perfektionismus:

+ Große Motivation neue Dinge zu lernen, um bessere Ergebnisse erzielen zu können
+ In der Regel sehr gute, qualitativ hochwertige Ergebnisse
+ Fehler werden zügig erkannt und behoben
+ Die Planung/Vorbereitung erfolgt meistens automatisch und gründlich

Negative Seite des Perfektionismus:

- Häufig zu hohe Erwartungen an sich selbst
- Zu großer Aufwand für Ergebnisse, die auch in weniger Zeit erledigt werden könnten
- Großer selbst ausgelöster Stress
- Priorisierung ist schwer bis fast unmöglich

Wie Sie erkennen können, hat Perfektionismus durchaus auch ein paar gute Seiten … Aber da es beim Pareto-Prinzip hauptsächlich darum geht, produktiver zu werden und mehr Zeit zu gewinnen, werde ich noch einmal darauf eingehen, wie Sie Ihrem eigenen Perfektionismus entgegenwirken können.

Wie kann man Perfektionismus loswerden?

Für den Fall, dass Sie bei sich selbst einen zu stark ausgeprägten Perfektionismus festgestellt haben, sind hier 5 Schritte, die Sie gehen können, um diese doch eher lästige Einstellung loszuwerden.

Schritt 1: Akzeptanz

Wer nach ständiger Perfektion strebt, diese Gewohnheit aber ablegen will, muss sich natürlich zunächst einmal auf eines gefasst machen: Das Gefühl, nicht gut genug zu sein.

Gerade am Anfang dieses Vorhabens werden Ihnen immer wieder unschöne Gedanken durch den Kopf gehen:

„Wie schlecht bin ich eigentlich?“

„Das ist ja so peinlich, so kann ich das nicht lassen!“

„Ich bin solch ein Verlierer, wieso kann ich das nicht einfach besser machen?“

Sie müssen also lernen, Ihre eigene Imperfektion zu akzeptieren und einfach mal loszulassen. Es ist vollkommen in Ordnung, dass Ihre Ergebnisse nicht komplett einwandfrei sind … Immerhin kann man, wie Sie in einem vorigen Kapitel ja gelernt haben, Fehler für das eigene Vorankommen nutzen!

Schritt 2: Keine Angst mehr vor Kritik

Einer der größten Ängste eines Perfektionisten ist die Kritik seiner Mitmenschen. Wenn diese ihn nicht für seine perfekten Ergebnisse loben, fühlt er sich machtlos und gescheitert. Um einen Schritt in die richtige Richtung zu gehen, muss er sich also die folgenden Dinge vor Augen halten:

- Die meisten Leute empfinden die eigene Imperfektion als gar nicht so schlimm, wie man denkt.

- Selbst wenn das eigene Umfeld einmal negativ über die erbrachten Ergebnisse denkt, ist das kein Weltuntergang.
- Selbst die härteste, unfreundlichste Kritik kann am Ende dazu führen, dass man sich in dem jeweiligen Gebiet verbessert.

Schritt 3: Die 80/100 Technik

Hiermit ist es möglich, dem Perfektionismus endgültig den Kampf anzusagen. Wie der Name vielleicht schon vermuten lässt, funktioniert diese Technik folgendermaßen:

Anstatt bei allen Vorhaben stets 100 % zu geben, gibt man bewusst lediglich 80 %. Das heißt auf gar keinen Fall, dass man bewusst große, schwerwiegende Fehler machen sollte, sondern vielmehr, dass man sich nicht ganz so verausgabt.

Nach einiger Zeit wird man dann feststellen, dass auch das „20-%-Ergebnis“ durchaus zufriedenstellend geworden ist. Und noch mehr als das: Durch die gewonnene Zeit konnte mittlerweile schon längst eine neue Tätigkeit angefangen werden!

Das Pareto-Prinzip

Entstehung, Funktion und Anwendung

Kommen wir nun zum eigentlichen Hauptthema dieses Buches: Das Pareto-Prinzip! Wie in den vorherigen Kapiteln bereits ein paar Mal erwähnt wurde, verfolgt dieses Prinzip zwei simple und dennoch extrem wichtige Ziele:

Zeitersparnis und Produktivität!

Wie man es schafft, genau diese Dinge mit dem auch als „80/20-Regel" betitelten Prinzip zu erreichen, erfahren Sie in diesem Kapitel.

Wie ist dieses Prinzip entstanden?

Das Pareto-Prinzip wurde erstmals von einem Mann namens Vilfredo Pareto in die Welt gesetzt. Dieser fand vor mittlerweile mehr als über 100 Jahren heraus, dass ungefähr 20 % der Bevölkerung 80 % des Landes besaßen.

Nach dieser Entdeckung fiel langsam aber sicher auf, dass sich diese grobe Faustregel auch bei vielen anderen Dingen bewahrheitete. Ein gutes Beispiel hierfür ist der Umsatz eines Unternehmens: Viele Firmen verdienen 80 % ihres gesamten Umsatzes mit nur 20 % ihrer angebotenen Produkte.

Nach diesen Entdeckungen war es nur noch eine Frage der Zeit, bis das Prinzip bei vielen erfolgshungrigen Leuten beliebt wurde.

Wie funktioniert die 80/20-Regel genau?

Grundsätzlich gilt:

80 % der Arbeit = 20 % der Ergebnisse

20 % der Arbeit = 80 % der Ergebnisse

Das bedeutet also, dass wir uns oft viel zu sehr von unwichtigen Arbeiten aufhalten lassen, ohne die Dinge zu erledigen, die eigentlich am Wichtigsten sind. Bedeutet im Klartext: Nur, weil wir beschäftigt sind, heißt das noch lange nicht, dass wir auch produktiv sind.

Machen Sie doch einfach selbst mal den Test. Wählen Sie eine bestimmte Aufgabe aus Ihrer nahen Vergangenheit aus und stellen Sie sich die folgenden Fragen:

„Wie sah das Ergebnis der Aufgabe aus?“

„Wie lange hat es gedauert, bis das Ergebnis erreicht wurde?“

„Was habe ich alles während der Bearbeitungszeit gemacht?“

„Gab es Momente, an denen ich mich ausgelaugt gefühlt habe, ohne einen großen Fortschritt erreicht zu haben?“

Wenn Sie diese Fragen ehrlich beantwortet haben, wird Ihnen vermutlich aufgefallen sein, wie viel Zeit sie eigentlich verschenkt haben, was sehr ärgerlich ist, da Zeit gemeinsam mit Gesundheit immerhin der wichtigste Faktor überhaupt ist, wenn es um die Gestaltung des eigenen Lebens geht.

Anwendung des Prinzips

Nachdem Sie sich nun eingestehen konnten, wie viel Zeit Sie in Ihrer Vergangenheit unwissend verschwendet haben, sollten wir uns um die Anwendung des Prinzips kümmern.

Schritt 1: Identifikation der Kernaufgaben

Im ersten Schritt geht es erst einmal nur darum, die sogenannten Kernaufgaben zu identifizieren. Diese machen nämlich die berühmten 20 % aus, die Ihnen wiederum die großen Ergebnisse liefern können. Hierfür sollten Sie am besten eine der zwei folgenden Techniken anwenden, da diese den Prozess sowohl einfacher als auch schneller machen.

Technik 1: Reverse Engineering

Beim Reverse Engineering geht es darum, ein fertiges Konstrukt/Ergebnis hinsichtlich der benötigten Einzelteile/Schritte zu analysieren. Einfacher gesagt: Man überlegt, welche Schritte nötig waren, um das jeweilige Ergebnis zu erzielen.

Hierbei können wir wieder ähnlich wie bei den Merkmalen erfolgreicher Persönlichkeiten vorgehen. Nehmen wir z. B. einfach mal an, Sie möchten einen persönlichen Rekord im Kniebeugen erreichen. Sie haben sich das Ziel gesetzt, zukünftig 100 kg stemmen zu können, haben aber gerade erst mit einer einzelnen Stange begonnen.

Als Erstes müsste man sich nun bekannte Trainer oder Bodybuilder ansehen, die die 100-Kilogramm-Marke bereits geknackt haben. Was haben Sie alles getan, bevor Sie das erste Mal so viel Gewicht aushielten? Welche Voraussetzungen benötigt der menschliche Körper eigentlich, um die Übung in diesem Ausmaß ausführen zu können?

Es sollte nicht allzu lange dauern, bis Sie z. B. erfahren, wie Sie sich dehnen müssen, um die nötige Mobilität zu besitzen oder auf welche Art und Weise Sie Ihre Ernährung umstellen sollten.

Technik 2: Wenn es ums Geld geht

Mussten Sie sich schon einmal einen teuren Handwerker ins Haus bestellen, damit eine wichtige Arbeit erledigt werden konnte? Wenn ja, kennen Sie vielleicht das mulmige Gefühl, dass man kurz vor Ausstellung der Rechnung bekommt.

Man versucht, bestimmte Kostenfaktoren wie z. B. Anreise- oder Materialkosten so gering wie möglich zu halten, damit es nicht allzu stark ins Geld geht. Nutzen Sie dasselbe Prinzip bei Ihrer Analyse der Kernaufgaben!

Stellen Sie sich vor, Sie würden für jede Aufgabe, auf die Sie verzichten könnten, Geld verlieren. Dasselbe gilt für eine zu aufwendige Bearbeitung: Je mehr Zeit und Energie verbraucht wird, desto mehr Geld verlieren Sie auch!

Mit diesen Regeln im Hinterkopf werden Sie zweimal mehr darüber nachdenken, welche Aufgaben wirklich wichtig sind und welche man vielleicht sogar vollkommen weglassen kann.

Schritt 2: Volle Konzentration!

Erstellen Sie sich im zweiten Schritt nun einen groben Plan, der Schritt für Schritt aufzeigt, welche Dinge wirklich erledigt werden müssen. Nun heißt es: Volle Konzentration auf Aufgabe Nr.1! Auch, wenn es sich zunächst vielleicht ein wenig ungewohnt anfühlen mag, müssen Sie trotzdem damit beginnen, sich nur noch auf eine einzelne Aufgabe zu konzentrieren.

Sobald sich Ihre Gedanken wieder zu sehr mit den nächsten Schritten oder sogar komplett irrelevanten Themen befassen, müssen Sie die Aufmerksamkeit wieder auf die Tätigkeit bringen, die vor Ihnen liegt.

Tipp: Regelmäßige Meditation kann sehr gut dabei helfen, Konzentrationsprobleme zu beheben!

Schritt 3: Realistisch bleiben

Egal, welche Aufgabe es zu erfüllen gilt: Es wird nur in den seltensten Fällen vorkommen, dass Sie wirklich die optimalen Ressourcen für ein perfektes, schnelles Ergebnis zur Verfügung haben. Bleiben Sie also realistisch und lassen Sie nicht zu, dass Ihnen Perfektionismus im Weg steht!

Immerhin geht es beim Pareto-Prinzip ja unter anderem auch darum, Zeit zu sparen, was durch perfektionistische Ansichten wiederum so gut wie unmöglich ist.

Worauf lässt sich das Prinzip anwenden?

Ok, jetzt wissen Sie, wie Sie die 80/20-Regel anwenden können. Doch in welchen Bereichen Ihres Lebens können Sie denn jetzt genau davon profitieren? Immerhin wäre es ja unsinnig, sich ein neues Prinzip anzugewöhnen, wenn es sich nicht häufig anwenden lässt.

Im Grunde genommen lässt sich das Pareto-Prinzip für alles einsetzen, was mit einem nahen oder fernen Ziel in Verbindung steht. Heißt: Solange klar ist, was am Ende der Aufgaben auf einen wartet, kann man die 80/20-Regel benutzen. Schauen wir uns hierfür mal ein paar genaue Beispiele an.

Beispiel 1: Schule/Studium

Vor der Schule kann sich niemand drücken. Wer sich in seinem Leben Ziele gesetzt hat, muss die Schule zumindest bis zu einem gewissen Grad absolvieren. Da einige Menschen sogar studieren, um in ihrem Traumberuf zu arbeiten, ist dies durchaus ein wichtiges Anwendungsgebiet des eben gelernten Prinzips.

Um in der Schule oder während des Studiums Erfolge zu erzielen, muss man bekannter weise natürlich vor allem eines können: Lernen! Leider assoziieren die meisten Schüler und Studenten damit einen großen emotionalen Stress. Das sich dieser Stress in einem gewissen Maß reduzieren lässt, zeigt uns die 80 / 20 Regel.

Beispiel 2: Beruf und Karriere

Nachdem die Schule abgeschlossen wurde, lernt man normalerweise das Berufs- und Karriereleben kennen. Da einem dieser Teil des Lebens für eine sehr lange Zeit nicht mehr von der Seite weichen wird, sollte man sich natürlich auch hier so viele Vorteile mit dem Pareto-Prinzip ergattern, wie nur möglich.

Beispiel 3: Alltag

Wir alle haben die unterschiedlichsten Routinen und Tagesabläufe. Manche davon entwickeln wir freiwillig, während sich andere fast schon automatisch in unser Leben eingliedern. Eines steht jedoch fest: Unsere täglichen Routinen sind ebenfalls eine sehr gute Möglichkeit, mit dem Pareto-Prinzip eine Menge Zeit zu sparen!

Beispiel 4: Aufräumen und Hausarbeit

Unsere eigenen vier Wände schützen uns nicht nur vor dem Wetter, sondern bieten uns auch die Möglichkeit, sich zurückzuziehen und zu entspannen. Wenn wir jedoch nicht darauf achtgeben, wie wir unser Umfeld gestalten und sauber halten, kann der Wohlfühlort ziemlich schnell unangenehm werden.

Studien haben sogar gezeigt, dass man sich in einer aufgeräumten, ordentlichen Umgebung nicht nur besser konzentrieren kann, sondern auch noch besser fühlt! Da diverse Hausarbeiten also nicht einfach ignoriert werden können, findet das Pareto-Prinzip auch hier seinen Platz.

Beispiel 5: Familie und Freundschaft

Der Mensch ist ein soziales Tier. Wir brauchen ganz einfach die Nähe und Unterstützung von Familie und Freunden, um uns rundum wohl zu fühlen. Allerdings ist es manchmal nicht ganz so einfach, wirklich genug Zeit mit unseren Liebsten zu verbringen.

Auch, wenn man es versucht, fühlen Sie sich in manchen Fällen vernachlässigt und die Verbindung kann im schlimmsten Falle sogar verblassen. Damit das nicht geschieht und die sozialen Kontakte wieder in Einklang gebracht werden können, ist das 80/20-Prinzip auch hier sehr empfehlenswert.

Beispiel 6: Ernährung

„Du bist, was du isst.“ Haben Sie das schon einmal gehört? Mit Sicherheit. Tatsächlich ist das ein alter Spruch, der auch heute noch absolut der Wahrheit entspricht. Wer sich schlecht ernährt, gefährdet sowohl seine physische als auch seine psychische Gesundheit.

Nur, wenn man sich ausgewogen und gesund ernährt, kann man auch ein glückliches und erfülltes Leben führen. Da die Ernährung also ebenfalls ein wichtiges Thema ist, lässt sich das Pareto-Prinzip wieder einmal perfekt einsetzen.

Aufgepasst vor diesen Fehlern!

Mit Sicherheit sind Sie nach dem letzten Kapitel ebenfalls ein echter Fan des Pareto-Prinzips geworden oder haben zumindest ein noch stärkeres Interesse an diesem Thema entwickelt. Doch bevor ich Ihnen gleich ein paar nähere Beispiele für die Anwendung im Alltag gebe, möchte ich erst einmal erklären, welche Fehler Sie auf jeden Fall vermeiden sollten.

Dies erachte ich als ziemlich wichtig, da auch das Pareto-Prinzip bei einer falschen Ausführung bzw. Missverständnissen nach hinten losgehen kann

… Und wir möchten ja gemeinsam dafür sorgen, dass sich Ihr Leben verbessert, ohne neue Probleme entstehen zu lassen!

Fehler Nr.1: Perfektionismus im Imperfektionismus

Wieder einmal muss hier der gute alte Perfektionismus angesprochen werden, denn selbst wenn wir alles tun, um ihn loszuwerden, kann er sich unbemerkt wieder ans Werk machen. Was ich damit meine, ist, dass Sie nicht aufgeben sollten, wenn die Ausführung der 80/20-Regel am Anfang vielleicht nicht so klappt, wie Sie es sich vorgestellt haben.

Auch, wenn sich das Pareto-Prinzip erst einmal relativ simpel anhört, kann seine Ausführung ziemlich anstrengend sein, immerhin sprechen wir hier davon, eine alte Gewohnheit durch eine komplett neue zu ersetzen. Also: Geben Sie sich selbst etwas Zeit und sehen Sie zu, wie das Prinzip seinen Zauber entfaltet!

Fehler Nr.2: 80 + 20 = 100

Der häufigste Fehler, der bei der Interpretation der 80/20-Regel begangen wird, ist das Addieren von 80 und 20. Man darf die 80 % und 20 % keinesfalls als 2 Stücke desselben Kuchens betrachten. Es gibt bei diesem Prinzip nicht nur einen „Kuchen“, sondern 2!

Während Kuchen Nr.1 für die Ergebnisse steht (80 %) steht Kuchen Nr. 2 für den Aufwand (20 %). Das bedeutet im Klartext: Nur, weil 20 % der Arbeit 80 % der Ergebnisse bringen, heißt das nicht automatisch, dass man die restlichen 80 % der Arbeit komplett weglassen kann. Das liegt ganz einfach daran, dass die 80 % „unnötige“ Arbeit meistens notwendig ist, um die restlichen 20 % der Ergebnisse zu erzielen.

Beim Pareto-Prinzip geht es also lediglich darum, die wichtigsten Dinge zu priorisieren, um somit Zeit zu sparen und produktiver zu werden. In manchen Fällen kann man dann die restlichen 80 % Arbeit vielleicht sogar weglassen, aber hier sprechen wir nicht von einem Regelfall.

Weniger ist mehr im Alltag

Dieses Kapitel ist dazu da, Ihnen konkrete Beispiele des Pareto-Prinzips im Alltag mit auf den Weg zu geben. Die in diesem Kapitel besprochenen Beispiele sollten Sie übrigens keineswegs als die einzigen Anwendungsmöglichkeiten der 80/20-Regel betrachten, sondern vielmehr als die ersten Baustellen, die Sie angehen können.

Beginnen Sie mit diesen Beispielen, um ein erstes Gefühl für die praktische Umsetzung zu bekommen und beginnen Sie dann damit, Ihr Anwendungsfeld zu erweitern.

Ordnung schaffen

Beginnen wir mit einem Thema, dass viele Menschen sofort in eine negative Stimmung bringt: Ordnung halten. Wie ich ja bereits erläutert habe, ist ein ordentliches Umfeld sehr wichtig für die psychische Gesundheit. Wenn Sie möchten, können Sie sich das sogar ganz leicht selbst beweisen.

Mit Sicherheit mussten Sie schon einmal über einen bestimmten Zeitraum in einer Umgebung verharren, in der es alles andere als aufgeräumt war. Versuchen Sie sich daran zu erinnern, wie Sie sich in der Umgebung gefühlt haben und vergleichen Sie Ihre Eindrücke mit denen aus einer ordentlichen Umgebung. Ich bin mir ziemlich sicher, dass Sie das aufgeräumte Umfeld bevorzugen, nicht wahr?

Also: Wie können Sie das Pareto-Prinzip für eine ordentlichere Umgebung einsetzen? Zunächst einmal sollten Sie den Wunsch nach einer ganz genauen Ordnung eliminieren, wenn Sie Zeit sparen möchten. Damit ist zwar nicht gemeint, dass ein gewisses System verboten ist, aber es wäre z. B. eher unnötig, alle Teller und Tassen nach Farben zu ordnen.

Wenn Sie für verschiedene Objekte einen festen Platz haben, werden Sie sich früher oder später sowieso an den Aufbewahrungsort erinnern, ohne ein spezielles Suchsystem (z. B. nach Farbe) verwenden zu müssen. Hier sind ein paar Grundregeln, die Sie beachten können, um im Sinne der 80/20-Regel Zeit zu sparen:

- Sobald ein Aufbewahrungsort unübersichtlich wird, müssen darin gelagerte Objekte entfernt werden, anstatt ein neues Ordnungssystem einzuführen.
- Ein spezielles Ordnen nach Farben, Größen oder ähnlichem ist nicht nötig und verbraucht nur unnötig Zeit.
- Verwenden Sie die 70-50-10 Regel (Verschlossene Ablageflächen nur zu 70 % belegt, offene Arbeitsflächen nur zu 50 % belegt, Deko und Kunst nur zu 10 % belegt).
- Bringen Sie kleine Unordentlichkeiten sofort in Ordnung. Somit bleibt die Umgebung länger ordentlich und das Aufräumen braucht weniger Zeit.

Lernen für Schule, Studium oder Seminare

Zwar lässt sich die Menge an Lernstoff, die man zu pauken hat, nur sehr selten reduzieren, aber dank des 80/20-Systems ist es immer noch möglich, die dafür benötigte Zeit zu verringern. Folgende Dinge können Sie tun, wenn Sie Informationen schneller aufnehmen und behalten möchten:

Das Erste, um das es sich zu kümmern gilt, ist die richtige Vorbereitung. Mittlerweile wurde bewiesen, dass eine richtige Vorbereitung auf die Lern-Session mehr als nur ausschlaggebend für den Erfolg ist. Mit diesen Schritten bereiten Sie sich optimal auf das Lernen vor:

1) Wählen Sie eine helle und freundliche Umgebung aus.
2) Sorgen Sie dafür, dass Ihr Lernplatz so aufgeräumt wie möglich ist.
3) Informieren Sie Menschen in Ihrer Nähe darüber, dass Sie beim Lernen nicht gestört werden möchten.
4) Schalten Sie die Nachrichten auf Ihrem Handy aus.
5) Planen Sie bei viel Lernstoff regelmäßige Pausen ein, in denen Sie kurz entspannen können.

Abgesehen davon sollte man herausfinden, welcher Lerntyp man ist. Manche Leute lernen z. B. besser, wenn Sie Dinge lesen, während andere sich eher durch ihr Gehör Informationen merken können. Beantworten Sie sich also diese Frage und gestalten Sie Ihre Lernabschnitte dann Ihrem Lerntyp entsprechend.

Zu guter Letzt kann es manchmal auch ziemlich hilfreich sein, mit bestimmten Lebensmitteln für eine bessere Leistung zu sorgen. Folgende Lebensmittel können beim Lernen behilflich sein:

Eier:	Enthaltenes Eiweiß bildet Botenstoffe, die die grauen Zellen aktivieren.
Wasser:	Sorgt für guten Informationsfluss zwischen Synapsen und Zellen.
Nüsse:	Omege-3-Fettsäuren und andere Stoffe sind gut für das Gedächtnis.
Beeren:	Verschiedene Vitamine sind gut für die grauen Zellen.
Haferflocken:	Bieten langfristige Energie.
Karotten:	Hoher Nitratgehalt hat positiven Einfluss auf die Hirnleistung.
Hülsenfrüchte:	Enthaltenes Eisen ist gut für das Gehirn.
Brokkoli:	Mineralstoffe, Vitamine und sekundäre Pflanzenstoffe sind gut für das Gehirn.
Quark:	Lecithin hilft bei aufwendigen Denkprozessen.
Äpfel:	Verschiedene Vitamine stärken das Gedächtnis und schützen das Gehirn vor Schäden.

Wunschgewicht mit dem Pareto-Prinzip

Ein normales Gewicht sowie ein gesunder Körper sind extrem wichtig für das persönliche Wohlbefinden. Wer sich nicht traut, in den Spiegel zu sehen, wird es schwer damit haben, sich selbst zu akzeptieren und eine offene, positive Einstellung zu entwickeln.

Damit Sie dieses Problem vermeiden können, möchte ich Ihnen hier aufzeigen, wie sich die 80/20-Regel sowohl fürs Zu- als auch fürs Abnehmen benutzen lässt.

Abnehmen

Wenn man über Ernährung und Gewichtsveränderung spricht, spricht man meistens vom Abnehmen. Viele Menschen sind nicht ganz mit ihrem Gewicht zufrieden und würden gerne ein paar Kilos verlieren, andere sind sogar fettleibig und gehen damit ein großes Gesundheitsrisiko ein.

Das Grundprinzip des Abnehmens ist eigentlich ziemlich simpel: Weniger Kalorien aufnehmen, als man verbraucht. Sobald dieser Faktor nicht gegeben ist, nimmt man auch nicht ab. Wer langfristige Erfolge erreichen will, muss neben dem Kaloriendefizit ebenfalls darauf achten, dass die meisten Lebensmittel, die er zu sich nimmt, gesunde Nährstoffe enthalten sowie möglichst wenig Zucker.

Hierfür gibt es eine Ernährungsform, die sogar „80-20-Diät" genannt wird. Perfekt für Ihre neue zeitsparende Lebensweise! In der Diät geht es darum, bei jeder Mahlzeit am Tag zu 80 % Gesundes zu essen (z. B. Vollkornbrot und Lachs) und zu 20 % ungesunde Leckereien (z. B. ein Stück Kuchen).

Solange man damit in einem Kaloriendefizit verbleibt, nimmt man ab, ohne Heißhungerattacken zu bekommen oder sich vor einem starken Jo-Jo-Effekt fürchten zu müssen.

Zunehmen

Selbstverständlich gibt es auch zahlreiche Leute, die sich zu schmächtig fühlen und daher an Fett und/oder Muskeln zunehmen möchten. Auch diesen Menschen kann die 80/20-Regel natürlich weiterhelfen.

Der Grundsatz beim Zunehmen ist das genaue Gegenteil von dem beim Abnehmen: Wer zunehmen möchte, muss mehr Kalorien aufnehmen, als er verbraucht. Um das zu schaffen, muss man dementsprechend auch viel Essen …

Allerdings sollte man hier auch eine Unterscheidung zwischen Muskelzunahme und Fettzunahme machen. Wer größere Muskeln anstrebt, sollte zusätzlich zu der Ernährung auf eine Form von Krafttraining setzen, während Personen, die nur an Fett zunehmen möchten, lediglich sehr viel zu essen haben.

Für beide Ziele verläuft das Pareto-Prinzip also ein wenig anders. Wenn Sie Muskeln aufbauen möchten, sollten Sie den Hauptfokus vor allem auf Übungen wie Kreuzheben oder Bankdrücken setzen, damit mehrere Muskelgruppen auf einmal beansprucht werden.

Den restlichen Trainingsplan können Sie dann mit ergänzenden Isolationsübungen füllen. Oder sind Ihnen Muskeln doch eher egal und Sie möchten einfach nur zunehmen? Dann sollten Sie sich auf Lebensmittel konzentrieren, die sehr viel Kalorien haben und Ihnen gut schmecken.

Denn wenn Sie etwas finden, was Ihnen sowohl schmeckt als auch Kalorien einbringt, wird Ihnen das Zunehmen schon mal viel leichter fallen!

Beziehung mit dem Pareto-Prinzip

Selbst der größte Macho dieses Planeten wird an einem bestimmten Punkt seines Lebens einsehen, dass eine gesunde Beziehung einen großen positiven Einfluss auf die psychische Gesundheit haben kann. Jeder, der schon einmal glücklich mit einer anderen Person zusammen war, wird dies bestätigen.

Dieselben Personen werden aber vermutlich auch ein Lied davon singen können, wie es ist, wenn solch eine Beziehung am Ende doch den Bach runtergeht. Natürlich: Manchmal finden Partner einfach heraus, dass es grundsätzlich doch nicht so gut passt, wie sie zunächst gedacht hatten.

Mindestens genauso oft sind die Gründe einer Trennung allerdings durchaus vermeidbar gewesen, wenn man die Beziehung nur richtig angegangen wäre. Und genau darum geht es in diesem Kapitel! Schließlich gibt es keinen Grund dafür, die 80/20-Regel nur für reine Produktivität zu verwenden, wenn Sie auch in anderen Aspekten des Lebens eine Reihe positiver Veränderungen herbeiführen kann.

Grundbedürfnisse erkennen

Genau wie bei den generellen Grundbedürfnissen eines jeden Menschen, die wir bereits angesprochen haben, gibt es auch in einer Beziehung gewisse Dinge, nach denen sich der Partner / die Partnerin sehnt. Um eine glückliche Partnerschaft führen zu können, sollte man also zumindest schon mal von ihnen gehört haben:

1) Absicherung/Komfort (Ist mein Partner/meine Partnerin finanziell gut aufgestellt oder kann es passieren, dass wir gemeinsam Probleme bekommen? Fühle ich mich durch meinen Partner/meiner Partnerin sicher, wenn wir negativen Menschen begegnen?)

2) Abwechslung (nicht immer das Gleich gemeinsam unternehmen/gemeinsam neue Dinge kennenlernen)
3) Liebe/Zuneigung (Hört der Partner/die Partnerin zu, was ich zu sagen habe? Ist eine regelmäßige Zeit zu zweit gegeben?)
4) Bedeutsamkeit (Bin ich wirklich wichtig für meinen Partner/meine Partnerin?)
5) Wachstum (Neues Lernen, sich selbst verbessern/Kann ich mich gemeinsam mit meinem Partner/meiner Partnerin weiterentwickeln oder ist er/sie dagegen?
6) Beitrag leisten (Gutes tun, einer anderen Person dabei helfen, zu wachsen, ohne an das eigene Verlangen zu denken.)

Priorisierungen (20 %) erkennen

Die eben erwähnten Grundbedürfnisse sind zwar bei jedem Menschen vorhanden, aber keinesfalls im gleichen Ausmaß. Jeder von uns besitzt diesbezüglich unterschiedliche Priorisierungen: Während Person A zum Beispiel sehr viel Wert auf Wachstum legt, ist Person B weniger an Wachstum und viel mehr an Zuneigung interessiert.

Denken Sie also an verschiedene Situationen mit Ihrem Partner/Ihrer Partnerin zurück und versuchen Sie herauszufinden, wie seine/ihre Priorisierungen wohl ausfallen. Sollten Sie mit dieser Vorgehensweise zu keinem Ergebnis kommen, müssen Sie sich eben die Arbeit machen, in der nächsten Zeit mehr auf diese Dinge zu achten.

Wie kann ich diese Informationen umsetzen?

Nachdem Sie sich im letzten Schritt einen groben bis genauen Überblick über die Bedürfnisse Ihres Partners/Ihrer Partnerin verschafft haben, ist es an der Zeit, von der Theorie in die Praxis überzugehen. Überlegen Sie sich also, welche Taten (20 %) notwendig sind, um Ihren Partner möglichst glücklich (80 %) zu machen. Hier sind ein paar Anregungen:

Absicherung/Komfort:

- Machen Sie Ihrem Partner klar, dass er/sie immer zu Ihnen kommen kann, wenn es ein Problem gibt, bei dem er/sie Unterstützung benötigt.

Abwechslung:

- Gehen Sie essen, wenn Sie häufig zusammen kochen.
- Stellen Sie sicher, dass Ihr Partner/Ihre Partnerin über die nötige Zeit verfügt und überraschen Sie ihn/sie dann mit einem kleinen Ausflug oder einem Besuch einer Veranstaltung.

Liebe/Zuneigung:

- Planen Sie einen romantischen Abend (z. B. ein gutes Essen mit anschließendem Wein).
- Überlegen Sie sich kleine, auf den Partner/der Partnerin abgestimmte Gesten (z. B. das Kochen eines Lieblingstees).

Bedeutsamkeit:

- Machen Sie Ihrem Partner/Ihrer Partnerin regelmäßig klar, dass er/sie wichtig für Sie ist (z. B. in dem Sie einfach mal sagen „Ich habe dich vermisst!“).

Wachstum:

- Finden Sie heraus, zu welchem Thema sich Ihr Partner/Ihre Partnerin gerade Recherche betreibt und zeigen Sie Interesse.
- Schlagen Sie Bücher, Seminare, Herausforderungen oder Ähnliches vor

Beitrag leisten:

- Zeigen Sie Ihre Dankbarkeit für alle gut gemeinten Gesten, die Ihr Partner/Ihre Partnerin zeigt.
- Erwähnen Sie, wenn es zum jeweiligen Gesprächsthema passt, eine Situation, in der Ihnen Ihre Partnerin/Ihr Partner geholfen hat.

Akzeptanz

Selbst, wenn Sie sich so stark anstrengen, wie Sie nur können und wirklich versuchen, alles für die Beziehung zu tun, wird sie niemals perfekt sein. Wie bei vielen anderen Dingen auch, ist eine zu 100 % perfekte Beziehung ohne jegliche Probleme ein reiner Wunschgedanke.

Versuchen Sie also stattdessen einfach, so nah wie möglich an diesen Wunschgedanken heranzukommen, ohne sich dabei selbst überfordern, wenn sie ihn nicht erreichen.

Gesundes Leben mit dem Pareto-Prinzip

Kommen wir zu guter Letzt noch einmal zu dem Thema gesundes Leben. Wie ja bereits zu Beginn erwähnt wurde, ist die Gesundheit einer der wichtigsten Faktoren überhaupt! Geld, Kontakte und Freizeit können in der Regel nicht gegen akute gesundheitliche Probleme helfen.

Aus diesem Grund möchte ich hier noch einmal genauer drauf eingehen, wie Sie mithilfe des Pareto-Prinzips Ihren eigenen gesunden Lebensstil gestalten können.

Sport

Wahrscheinlich haben Sie bereits erwartet, dass hier noch einmal über Sport geredet wird, nicht wahr?

Falls dem so ist, ist Ihnen ja bereits bewusst, wie wichtig regelmäßiger Sport für Ihre Gesundheit ist. Als Faustregel können Sie sich merken, dass Sie keine 2 Tage ohne Sport verstreichen lassen sollten. Hierbei ist es eigentlich gar nicht so wichtig, welche Sportart Sie auswählen.

Wählen Sie einfach etwas, was Ihnen persönlich Spaß macht! Hier sind die wesentlichen Vor- und Nachteile einiger der beliebtesten Sportarten, damit Ihnen die Entscheidung ein wenig leichter fällt.

Kraftsport (Fitnessstudio)

Vorteile:

+ Aufbau definierter Muskeln möglich
+ Leistungssteigungen schnell erkennbar
+ Verschiedene Übungen und Trainingsarten für verschiedene Ziele
+ Möglichkeit, Hilfe bei professionellen Trainern zu suchen

Nachteile:

- Monatliche Kosten
- In der Regel keine große Privatsphäre
- Nicht ortsunabhängig

Kraftsport (Körpergewicht)

Vorteile:

+ Aufbau definierter Muskeln möglich
+ Wenige bis gar keine Utensilien benötigt
+ Verschiedene Übungen und Trainingsarten für verschiedene Ziele
+ Teilweise ortsunabhängig
+ Keine monatlichen Kosten

Nachteile:

- Häufig keine Möglichkeit, Hilfe bei professionellen Trainern zu suchen
- Erhöhung der Schwierigkeitsstufe nicht so leicht wie im Fitnessstudio

Jogging

Vorteile:

- + Ortsunabhängig
- + Trainingszeit leicht und übersichtlich ein teilbar
- + Fast keine Utensilien nötig.
- + Leistungssteigung leicht erkennbar.
- + Man kommt an die frische Luft
- + Sehr gut als Morgen- oder Abendroutine einsetzbar.

Nachteile:

- Bei schlechtem Wetter eher unangenehm

Schwimmen

Vorteile:

- + Auch bei hohen Temperaturen sehr gut auszuführen.
- + Verschiedene Ausführungsmöglichkeiten vorhanden.
- + Beansprucht mehrere Muskelgruppen.

Nachteile:

- Sehr ortsabhängig.
- In manchen Fällen relativ kostspielig.

Ernährung

Wie Sie ja bereits selbst wissen, ist die Ernährung ein weiterer durchaus wichtiger Bestandteil eines gesunden Lebensstils. Natürlich würden alle Details einer gesunden Ernährung den Rahmen sprengen, weshalb ich Ihnen auch hier ans Herz legen möchte, sich selbst noch mal intensiver zu informieren. Ein paar grundlegende Dinge sollten Sie von diesem Kapitel trotzdem mit auf den Weg nehmen:

1) Ernähren Sie sich abwechslungsreich

Klar, Orangen und Kartoffeln sind sehr gesunde Lebensmittel. Das heißt aber noch lange nicht, dass Sie sie bei jeder Mahlzeit zu sich nehmen müssen! Selbst bei einer sehr gesunden Ernährung haben Sie eine ziemlich große Auswahl an verschiedenen Lebensmitteln. Versuchen Sie also, sich ausgewogen zu ernähren und nicht immer dasselbe zu essen!

2) Achten Sie auf Ihre Makronährstoffe

Kohlenhydrate, Eiweiße und Fette gelten als Makronährstoffe. Zwar ist es keineswegs notwendig, die Nährstoffzunahme 1:1 zu notieren/kontrollieren, aber auch hier sollte man auf Ausgewogenheit achten. Haben Sie heute bereits viele Kohlenhydrate, aber wenig Eiweiß zu sich genommen? Dann sollte Ihr Abendessen eiweißreich ausfallen.

3) Keine Scheu vor neuen Dingen

Im Internet kursieren zahlreiche Diäten und Ernährungsformen, von denen verschiedene Leute behaupten, sie wären die wohl beste Art und Weise, sich zu ernähren. Wie Sie sich hoffentlich mittlerweile gemerkt haben, gibt es nur sehr wenige wirklich perfekte Dinge auf dieser Welt!

Es wäre also ärgerlich, wenn Sie bei Ihrer aktuellen Ernährung zu stur bleiben. Probieren Sie ruhig mal ein paar neue Dinge aus, um herauszufinden, was wirklich perfekt zu Ihnen passt!

Zeitmanagement und Konzentration

Meistern Sie Ihr Zeitmanagement

An diesem Punkt des Buches wurde ja bereits mehrmals erwähnt, dass das Pareto-Prinzip unter anderem dafür da ist, Zeit zu sparen. Nachdem wir nun darüber geredet haben, wie man die 80/20-Regel genau verwenden kann, möchte ich noch einmal kurz über ähnliche Techniken sprechen.

Warum? Weil Zeitmanagement das A und O ist, wenn es darum geht, seine persönlichen Ziele zu erreichen! Da ausnahmslos jeder von uns lediglich 24 Stunden pro Tag zur Verfügung hat, unterscheiden sich erfolgreiche von erfolglosen Menschen unter anderem dadurch, wie sie diese Zeit nutzen.

Nicht nur das, es kommt ebenfalls darauf an, wie „intensiv" sie diese Zeit nutzen. Es ist zum Beispiel ein riesiger Unterschied, ob man 2 Stunden ein Buch liest und dabei nebenbei immer wieder an andere Sachen denkt, oder ob man sich wirklich 120 Minuten lang hinsetzt und nicht nur liest, sondern auch lernt.

Zusammengefasst kann man also folgende Dinge über das Thema Zeitmanagement sagen:

1. Erfolgreiche Menschen nutzen ihre Zeit anders als erfolglose.
2. Es kommt darauf an, wie sinnvoll jemand seine Zeit nutzt.
3. Ebenfalls wichtig ist, wie produktiv die Zeit genutzt wird. Einfach nur beschäftigt zu sein, bringt meistens eher wenig.

Kommen wir nun zu den bereits versprochenen Techniken, mit denen sich ähnlich wie beim Pareto-Prinzip Zeit einsparen lässt, die dann wiederum sinnvoller genutzt werden kann.

Die ALPEN-Methode

Bei der ALPEN-Methode dreht sich alles nur um eines: Planung. In dem man den nächsten Tag innerhalb von 10 bis 15 Minuten durchdacht plant, kann man im Vergleich zu einem planlosen Tag viel Zeit einsparen. Ihren Namen hat die Methode durch die folgenden Bedeutungen:

Aufgaben und Termine aufschreiben

Länge abschätzen

Pufferzeiten festlegen

Entscheidungen treffen, Prioritäten setzen

Nachkontrolle

Aufgaben und Termine aufschreiben

Im ersten Schritt geht es um die Erstellung einer To-Do-Liste. Wenn Sie kein Fan der klassischen Liste sind, können Sie auf Wunsch auch einfach einen Terminkalender verwenden. Nun werden in die Liste/in den Kalender die Dinge eingetragen, die am nächsten Tag erledigt werden müssen. Bei der Erstellung sollte man sich die folgenden Fragen stellen:

1) Wo wird welche Tätigkeit ausgeführt?
2) Wann möchte ich welche Tätigkeit erledigen?
3) Welche Dinge konnte ich gestern nicht mehr erledigen?

Länge abschätzen

Als Nächstes wird die Zeit geschätzt, die man für die jeweiligen Aufgaben benötigt. Klingt erst einmal ziemlich simpel, ist es aber leider nicht. Vor allem am Anfang, wenn man das Schätzen noch nicht so gewöhnt ist, wird es Ihnen vermutlich ziemlich schwerfallen, die Zeiten richtig einzuschätzen.

Um in diesem Schritt besser zu werden, sollte man sich für jede einzelne Aufgabe ein Zeitlimit festlegen. Dies wird nicht nur dafür sorgen, dass Sie die Zeiten in Zukunft besser einschätzen können, sondern ebenfalls, dass Sie einzelne Aufgaben automatisch schneller und konzentrierter erledigen.

Puffer einplanen

Planung ist ja schön und gut, aber man muss auch noch bedenken, dass wir hier in der Realität sind, nicht in einer Traumwelt, in der alles direkt funktioniert. Daher liegt der dritte Schritt der ALPEN-Methode darin, sich über den Tag verteilt kleine Puffer einzuteilen.

Die Puffer sorgen dafür, dass Sie notfalls länger für eine Aufgabe brauchen können, ohne den hauptsächlichen Zeitplan des Tages kaputt zu machen. Abgesehen davon reduzieren sie den Stress und wirken somit einem Burnout aktiv entgegen.

Die Länge der Puffer sollte in etwa ein Drittel der gesamten Wachzeit beanspruchen, während zwei Drittel für die zu erledigenden Aufgaben zu reservieren sind. Zur Veranschaulichung ist hier ein kleines Beispiel:

Nehmen wir an, Sie schlafen 8 Stunden und benötigen insgesamt 2 Stunden für Körperpflege, kochen und ähnliches. In diesem Fall hätten Sie am Tag 14 Stunden zur freien Verfügung. Man könnte also ungefähr 4,5 Stunden für Puffer einplanen.

Entscheidungen treffen

Nachdem die Liste erstellte wurde, werden Sie sehr wahrscheinlich feststellen, dass nicht alle Aufgaben innerhalb eines Tages machbar sind. Nun heißt es also Prioritäten setzen. Was ist wirklich wichtig? Was kann man vielleicht doch noch aufschieben?

Für diesen Schritt würde ich Ihnen die Eisenhower-Methode empfehlen, die in einem späteren Kapitel vorgestellt wird.

Nachkontrolle

Der letzte Schritt, die Nachkontrolle, dient als Verfeinerung der anderen Schritte. Sowohl Anfänger als auch Fortgeschrittene der ALPEN-Methode werden früher oder später feststellen, dass die Planung manchmal doch nicht ganz so gut klappt, wie man es sich wünschen würde.

Um sich mit der Zeit zu verbessern, sollte man sich am Ende des Tages noch einmal folgende Fragen stellen:

1) Habe ich alles geschafft, was ich mir vorgenommen habe?
2) Wie gestresst habe ich mich dabei gefühlt? Könnte ich auf diese Weise langfristig weitermachen?
3) Waren die Pufferzeiten lang genug?
4) Hätte ich vielleicht sogar noch mehr schaffen können?

zur Alpen-Methode

Nachdem Sie diese 5 Punkte abgearbeitet haben, sollte Sie dazu in der Lage sein, ein besseres Gefühl für Zeitmanagement zu bekommen und mit der Zeit generell einiges an Zeit zu sparen. Hier sind noch einmal die Vor- und Nachteile dieser Methode im Überblick:

Vorteile der ALPEN-Methode

- + Man wird besser im Einschätzen einzelner Abläufe.
- + Eine Struktur der wichtigen Aufgaben wird deutlich.
- + Macht es einfacher, Ablenkungen gegenüber Nein zu sagen, da man einen klaren Plan vorweisen kann.
- + Stellt dar, inwiefern man häufig Zeit verschwendet.
- + Bietet eine garantierte Selbstbestätigung am Ende des Tages.

Nachteile der ALPEN-Methode

- Schwer umzusetzen, wenn man mit anderen Leuten zusammenarbeitet.
- Nicht in jedem Arbeitsumfeld anwendbar, da man gewisse Dinge delegieren muss.
- Nur schwer umzusetzen, wenn man sich die Zeit nicht selbst einteilen kann.
- Umgang mit Puffern erweist sich häufig als schwierig.

Die ABC-Analyse

Die sogenannte ABC-Analyse ist dafür gedacht, dabei zu helfen, die eigene Zeit und Energie in wirklich wichtige Dinge zu investieren. Dinge, die eine Person nicht wirklich weiterbringen und nicht nur dafür da sind, kurzzeitig nach außen hin wie ein Arbeitstier auszusehen.

Ursprünglich wurde die ABC-Analyse dafür entwickelt, bei der Planung, Entscheidung und Priorisierung von betriebswirtschaftlichen Dingen zu helfen. Was hierbei besonders interessant ist: Diese Form der Analyse wurde mit der Zeit maßgeblich vom Pareto-Prinzip beeinflusst.

Bei der eigentlichen Analyse mit dieser Technik werden die betrachteten Objekte in folgende 3 Kategorien unterteilt:

A-Kategorie

Objekte der Kategorie A gelten als extrem wichtig. Sie haben die höchste Priorität gegenüber den anderen Objekten und sind somit maßgeblich für den Erfolg eines Vorhabens verantwortlich. Ähnlich wie bei dem 80/20-Prinzip, sind sie aber eher in einer geringen Anzahl anzutreffen.

B-Kategorie

Zur B-Kategorie gehören wichtige Dinge mit mittlerer Priorität sowie Bedeutung für das angestrebte Ziel. Auch diese Kategorie ist wichtig für einen Erfolg, aber eben nicht ganz so wichtig wie Objekte der A-Kategorie.

C-Kategorie

Als letzte Kategorie behandelt die C-Kategorie ausschließlich Objekte mit einer niedrigen Priorität für das Erreichen eines Ziels. Im Vergleich zu den vorherigen Kategorien kann man hier sehr viele Objekte unterbringen, da es von unwichtigen Dingen in der Regel mehr gibt, als von ausschlaggebenden.

Aus diesen eben genannten Kategorien lässt sich dann erschließen, welchen Erledigungen man die meiste Aufmerksamkeit schenken sollte und welchen eher weniger. Ob Sie sich für diese Methode oder eine andere entscheiden, bleibt natürlich Ihnen überlassen. Um Ihnen die Entscheidung darüber ein wenig einfacher zu gestalten, sind hier die wesentlichen Vor- und Nachteile dieser Analyse:

Vorteile der ABC-Analyse:

- \+ Wenig Aufwand bei der Erstellung und vergleichsweise einfache Umsetzung.
- \+ Es fällt leicht, den Fokus auf die wirklich wichtigen Dinge zu setzen.
- \+ Ergebnisse lassen sich mithilfe einer Grafik ziemlich gut visualisieren.

Nachteile der ABC-Analyse:

- Objekte können schnell unter- oder überbewertet werden.
- Es existieren keine klaren Empfehlungen von Handlungen in den einzelnen Kategorien (siehe Eisenhower-Prinzip).
- Fehleinschätzungen sind am Anfang ziemlich hoch.

Das Eisenhower-Prinzip

Beim Eisenhower-Prinzip arbeitet man mit der sogenannten Eisenhower-Matrix. Das Ziel ist, ähnlich wie bei den anderen Prinzipien, eine höhere Produktivität.

In eben dieser Matrix soll der Schlüssel zu einer optimierten Priorisierung und Arbeitseinteilung liegen. Sie besitzt vier verschiedene Felder:

1) Eilig und wichtig
2) Eilig und unwichtig
3) Nicht eilig, aber wichtig
4) Nicht eilig und unwichtig

Wie Sie vielleicht bereits vermuten, trägt man in diese Felder dann die Dinge ein, die man zu erledigen hat. Somit ist es ziemlich einfach, ganz klar darzustellen, welche Erledigungen wirklich wichtig sind und welche man lieber zu einem anderen Zeitpunkt erledigen sollte.

Was hierzu noch erwähnt werden sollte, ist der korrekte Umgang mit dem Feld „Nicht eilig und unwichtig". Dieses bereitet den meisten Anfängern Probleme. Da die dort eingeteilten Aufgaben absolut unwichtig sind, empfiehlt es sich, sie einfach ein wenig zu horten.

Wer sich für diesen Umgang entscheidet, kann ab und zu immer mal wieder über das Feld lesen und Aufgaben, die sich möglicherweise bereits von selbst erledigt haben, endgültig löschen. Wenn Sie möchten, können Sie die dort eingeteilten Punkte natürlich auch sofort löschen … Immerhin werden Sie sehr wahrscheinlich eh nie die Zeit dafür finden, sie zu erledigen.

Falls Sie sich noch nicht darüber sicher sind, ob Sie dieses Prinzip ausprobieren möchten, sind hier noch einmal die Vor- und Nachteile, die sich aus der Eisenhower-Matrix ergeben.

Vorteile des Eisenhower-Prinzip:

+ Unnötige Zeitfresser lassen sich schnell identifizieren.
+ Projekte können auch mit mehreren Arbeitern besser gelöst werden.
+ Entscheidungen über die nächsten Schritte werden erleichtert

Nachteile des Eisenhower-Prinzips

- Abgesehen von einem Abgabedatum ist die Dringlichkeit einer Aufgabe nicht unbedingt klar einsehbar.

Warum überhaupt Zeit gewinnen?

Warum ist es denn überhaupt so wichtig, Zeit zu gewinnen? In diesem Kapitel möchte ich Ihnen noch einmal aufzeigen, warum die Frage der richtigen Zeiteinteilung keinesfalls auf die leichte Schulter genommen werden sollte.

Kommen wir noch einmal auf die Grundbedürfnisse des Menschen zurück:

- Finanzielle Freiheit
- Stressfreies Leben
- Zeit für Familie, Freunde und Hobbies
- Gesundheit

Wie Sie sich vermutlich noch erinnern können, bestimmten diese 4 Grundbedürfnisse das Leben eines Menschen massiv. Der Grund, aus dem ich diesen Punkt hier noch einmal anspreche, ist der, dass viele Leute die Wichtigkeit von Zeitersparnis in einem viel zu negativen Licht sehen.

Offenbar denkt man bei einer Zeitersparnis und dem Argument, dass man dadurch noch mehr Dinge erledigen kann, automatisch an harte, bedrückende Arbeit. Sobald jemand erwähnt, dass man mit der gewonnenen Zeit viele neue Projekte anfangen und Dinge erledigen kann, beginnt die eben erwähnte negative Ansicht sich auszubreiten.

Selbstverständlich ist es kein Muss, mit der gewonnenen Zeit etwas Produktives anzustellen … Wenn Ihnen danach ist, können Sie diese Zeit auch einfach nur dafür nutzen, Spaß zu haben und sich zu entspannen. Da dieses Buch aber dafür geschrieben wurde, Ihr Leben langfristig zu verbessern, möchte ich Ihnen noch ein paar Argumente liefern, die für ein produktives Nutzen der Zeit sprechen.

Um ganz genau zu sein, ist der Aspekt, den ich meine, die finanzielle Freiheit. Denn wer finanziell wirklich frei ist, schafft es neben der Gesundheit alle Grundbedürfnisse in sehr großem Ausmaß zu decken. Erst, wenn Sie finanziell wirklich frei sind, können Sie …

… Ihren Eltern das Leben schenken, was sie verdient haben.

… Ihren Kindern ein sorgenfreies Leben bereiten.

… Ihre Träume verwirklichen, ohne dabei auf große Dinge verzichten zu müssen.

Das „Problem“ an der ganzen Sache ist nur das, dass Sie dafür eben darauf achten müssen, wie Sie Ihre neu gewonnene Zeit verwenden. Wenn Sie ausschließlich Urlaub machen, ausgehen und fernsehen, werden Sie es vermutlich nie schaffen, alle menschlichen Grundbedürfnisse im vollen Maß auszuschöpfen.

Wenn Sie aber für eine gewisse Zeit lang hart arbeiten und Ihre gewonnene Zeit dafür verwenden, sich weiterzubilden, Kontakte zu knüpfen und wirklich produktiv zu sein, steht Ihnen nichts mehr im Weg. Dann ist es einfach nur noch eine Frage der Zeit!

Wohin mit der Zeit?

Sie haben sich dazu entschlossen, Ihre neue Zeit sinnvoll zu nutzen? Großartig! Dann ist dieses genau das Richtige für Sie. Hier möchte ich Ihnen nämlich ein paar Anhaltspunkte dafür geben, wie Sie Ihre Zeit in einer Art und Weise nutzen können, die Sie voranbringt.

Diesbezüglich muss natürlich ganz klar gesagt werden, dass dieses Kapitel keineswegs eine Auflistung von festen Regeln darstellt. Es ist auch kein „garantierte Lösungsweg“ den Sie ganz einfach abklappern können, um zu 100 % alle Ihre Ziele zu erreichen.

Im Endeffekt sieht der Weg zum Erfolg nämlich immer noch bei jedem Menschen unterschiedlich aus. Aber: Wie ich ja schon einmal erwähnt habe, hinterlassen erfolgreiche Persönlichkeiten Spuren, die man zum Beispiel nehmen kann!

Wissen ist Macht

„Ich weiß, dass ich nichts weiß."

- Sokrates, griechischer Philosoph

Eine Sache, die alle erfolgreichen Personen auf dieser Welt gemeinsam haben, ist, dass sie sich stetig weiterbilden. Selbst die erfolgreichsten Persönlichkeiten denken immer noch nicht, dass sie alles wüssten … Sie sind immer noch neuen Dingen gegenüber aufgeschlossen und versuchen sich (unaufhörlich) weiterzubilden.

Prinzipiell ist es ja eigentlich auch logisch, dass man nur etwas erreichen kann, wenn man die dafür benötigten Informationen kennt … Immerhin kann man ja auch kein Auto bauen, ohne sich mit den Einzelteilen auszukennen!

Versuchen Sie also so oft es geht, Neues zu lernen. Die beliebteste Möglichkeit, dass zu tun, sind Bücher. Heutzutage ist es aber auch eine interessante Idee, sich mithilfe von diversen Anbietern Hörbücher anzuhören, anstatt ein physisches Buch in die Hand zu nehmen. Welche Möglichkeit Ihnen besser gefällt, können Sie ja frei entscheiden!

Die Gewohnheit der Weiterbildung ist übrigens nicht nur auf Bücher beschränkt … Seminare, Lernvideos und Dokumentationen wären zum Beispiel ebenfalls sehr gute Wissensquellen, die Sie anzapfen können.

Sport trainiert nicht nur den Körper

Die zweite Möglichkeit, Ihre Zeit sinnvoll zu nutzen, ist regelmäßiger Sport. Klar, wenn man nicht gerade eine Karriere als Profisportler anstrebt, wird man durch Sport alleine nicht die vorhin erwähnte finanzielle Freiheit erreichen … Dafür aber zwei Dinge, die nicht nur für Erfolg in jeglicher Richtung, sondern auch für das eigene Wohlbefinden essentiell sind:

Körperliche und geistige Gesundheit

Zunächst wäre da natürlich die offensichtlich körperliche Gesundheit. Immerhin weiß ja jeder, dass sportliche Aktivitäten jung und fit halten. Was einige Menschen beim Thema Sport aber vergessen, ist der Aspekt der psychischen Gesundheit.

Regelmäßiger Sport …

… kann bewiesenermaßen dabei helfen, Depression vorzubeugen und zu bekämpfen.

… steigert das Selbstwertgefühl, weil man im Nachhinein das Gefühl bekommt, etwas geschafft zu haben.

… sorgt für eine Ausschüttung von Glückshormonen.

… gibt einem über den Tag verteilt mehr Energie.

Gesund kochen lernen

Um ein gesundes, energiereiches Leben zu führen, reicht Sport alleine nicht aus. Wer regelmäßig Sport macht, im Nachhinein aber nur Mist in sich reinschaufelt, kann keine positiven Veränderungen in seiner Gesundheit erwarten.

Ihre neu gewonnene Zeit wäre die perfekte Möglichkeit, zu lernen, wie Sie sich gesund ernähren können. Lesen Sie Bücher zu diesem Thema, besuchen Sie einen Kochkurs oder recherchieren Sie ganz einfach im Internet … Ihr zukünftiges Ich wird es Ihnen danken!

Meditation

Nein, Sie müssen kein Mönchsleben führen oder auf einer Yogamatte stehen, um meditieren zu können! Meditation ist die optimale Möglichkeit, mit wenig Zeit viele positive Veränderungen zu bewirken.

Durch regelmäßiges Meditieren werden Sie …

...	sich selbst besser kennenlernen.

...	Ihre Konzentrationsfähigkeit enorm steigern.

...	mehr Kontrolle über Ihre Emotionen erhalten.

Egoismus in gesunder Form

Ein großer Teil des Zeitsparens ist, einfach mal Nein zu sagen. Für ein erfülltes und erfolgreiches Leben ist es generell wichtig, ein wenig Egoismus in sein Leben zu lassen. Das heißt auf gar keinen Fall, dass Sie das Gefühl entwickeln sollten, Sie wären besser als alle anderen.

Das bedeutet lediglich, dass Sie einen gewissen Respekt vor sich selbst entwickeln sollten. Da dieses Thema bei vielen Leuten leider für Missverständnisse und/oder Schwierigkeiten führt, sollte es in diesem Kapitel noch einmal besprochen werden.

Muss ich ein schlechter Mensch werden?

Auf gar keinen Fall! Ein gesundes Maß an Egoismus bedeutet keinesfalls, dass Sie anderen Leuten schaden müssen, um sich selbst daran zu bereichern. Gleichzeitig bedeutet es aber auch nicht, dass Sie allen Menschen andauernd etwas Gutes tun müssen.

Ein guter Mensch zu sein, ist natürlich extrem wichtig. Und wer seinen Mitmenschen gegenüber freundlich und hilfsbereit ist, wird dafür auch belohnt. Sie müssen aber nicht auf Ihr eigenes Wohlbefinden verzichten, nur um andere Leute glücklich zu machen.

Im Prinzip geht es hier also einfach nur darum, auch mal an sich selbst zu denken.

Toxische Menschen

Als „toxische Menschen“ bezeichnet man Leute, die einem nicht guttun und im Allgemeinen einfach einen negativen Umgang darstellen. Hier sind ein paar Beispiele für Erkennungsmerkmale eines toxischen Menschen:

- Lästert sehr viel.
- Ist oft neidisch.
- Hat selten gute Laune und zieht einen herunter.
- Sieht sich selbst in der Opferrolle.
- Erwartet Hilfe und Aufopferung von seinen Mitmenschen.
- Ist nicht offen für Neues und/oder besitzt primitive Ansichten.

Sich von solchen Menschen zu trennen, hat ebenfalls etwas mit Selbstrespekt zu tun. Es ist praktisch unmöglich, sich als Mensch weiterzuentwickeln und zum Erfolg zu gelangen, wenn man es zulässt, Kontakt mit toxischen Menschen aufzubauen oder zu behalten.

Das größte Problem mit dieser Art von negativem Umgang ist übrigens, dass er häufig übersehen wird. In vielen Fällen kommt er nämlich aus dem eigenen Freundes- und Bekanntenkreis oder sogar aus der eigenen Familie. In solch einem Fall heißt es: Tun, was getan werden muss, auch, wenn es erst einmal schwer erscheint. Mehr dazu erfahren Sie in den nächsten Kapiteln..

Negativen und positiven Stress erkennen

Man steht auf, frühstückt in Ruhe und macht sich dann auf den Weg, verschiedene Erledigungen zu machen. Der Zeitplan ist so eng, dass man, kaum aus dem Auto ausgestiegen, anfängt zu joggen, um auch wirklich alle Termine rechtzeitig einhalten zu können.

Haben Sie auch schon mal eine Situation dieser Art erlebt? Mit Sicherheit wissen Sie ebenfalls, wie es sich anfühlt, gestresst zu sein. Fühlt sich erst einmal alles andere als gut an, oder? Wussten Sie aber, dass es tatsächlich auch positiven Stress gibt?

Ein Glück, denn immerhin ist es unmöglich, sein ganzes Leben lang Stress zu vermeiden. Regelmäßiger Stress ist eine natürliche Reaktion des Körpers, die uns schon seit Urzeiten begleitet. Sie setzt immer dann ein, wenn unser Gehirn das Gefühlt hat, unsere Existenz wäre bedroht. In diesem Zeitraum fühlen wir uns jeder bevorstehenden Bedrohung gewappnet … Doch wie genau definiert sich nun eigentlich negativer und positiver Stress?

Positiver Stress

Gesunder, positiver Stress, definiert sich hauptsächlich dadurch, dass er nur punktuell aktiv ist. Die Stresssituationen kommen also regelmäßig, geben dem Körper anschließend aber das Signal, dass alles in Ordnung ist. Eine wichtige Ruhephase setzt für den Körper ein und mit der Zeit werden gesundheitliche Vorteile bemerkbar:

Der Schlaf wird sowohl tiefer als auch wohltuender, die Vitalität im Alter steigt und man fühlt sich den Tag über generell einfach ausgeglichener.

Negativer Stress

Durchschnittlicher, gesunder Stress hält lediglich ca. 15 Minuten an, bevor er sich wieder legt, um Platz für die Ruhephase zu schaffen. Vermutlich halten Sie diese Zeitangabe bereits jetzt für ziemlich unrealistisch, nicht wahr?

Genau darin liegt das große Problem, dass es heutzutage mit Stress gibt. In der modernen Zeit müssen wir uns immer häufiger längeren Stress antun, der häufig psychische und/oder soziale Probleme mit sich zieht. Abgesehen davon zieht Dauerstress auch noch andere Probleme mit sich:

- Das Herz-Kreislauf-System wird dauerhaft belastet, wodurch die körpereigenen Blutgefäße anfälliger für Entzündungen und Krankheiten werden.

- Die Funktionsweise unseres Immunsystems wird gestört, weil es sich während Stressreaktionen in ständiger Alarmbereitschaft befindet, ohne zielgerichtet arbeiten zu können.
- Wir werden reizbarer und die Gefahr einer Depression steigt.

Das Gefährlichste daran ist, dass sich diese Symptome in der Regel nicht sofort bemerkbar machen. Es ist vielmehr ein schleichender Prozess, der uns über längere Zeit schadet. Darüber hinaus lässt sich keine universelle Aussage darüber treffen, wie viel Stress wirklich zu viel ist.

Jeder Mensch besitzt diesbezüglich andere Veranlagungen. Während z. B. Person A mehrere Stunden Stress aushalten kann, ohne starke Schäden davonzutragen, würde Person B dieses Ausmaß schon mehr bedeuten.

Um gegenüber negativem Stress also so gut wie möglich geschützt zu sein, sollte man einfach mal einen Schritt zurücktreten und sich selbst ganz offen und ehrlich beobachten. Wie fühle ich mich, seitdem ich in meinem Leben ziemlich regelmäßigen Stress empfange?

Kann ich irgendwelche Veränderungen meines Wesens oder meiner Gefühlslage im Vergleich zu vorher feststellen? Wie sehen das die Leute aus meinem Umfeld? Sind ihnen Veränderungen an mir aufgefallen?

Sobald Sie sich diese Fragen beantworten können, können Sie damit beginnen, aktiv gegen den Stress anzugehen.

Negativen Stress und Energieräuber eliminieren

Hier kommt die gute Nachricht: Sie können durchaus gewisse Maßnahmen ergreifen, um sich vor zu viel negativem Stress zu schützen. Als Erstes müssen Sie herausfinden, welche Faktoren den vielen Stress denn überhaupt erst verursachen. Die häufigsten Verursacher sind andere Menschen, Deadlines oder sogar die eigene Einstellung.

Menschen als Stressverursacher

Dieses Thema haben wir ja schon besprochen, als wir über den gesunden Egoismus gesprochen haben. Noch einmal als kurze Erinnerung: Sollten Sie bemerken, dass Ihnen eine Person aus Ihrer Umgebung nicht guttut, sollten Sie unbedingt den Kontakt zu ihr abbrechen!

Wenn man mal ehrlich ist, wird das aber nicht in allen Fällen möglich sein. Wenn es z. B. der eigene Chef auf der Arbeit ist, der einen regelmäßig stresst und in eine negative Stimmung bringt, kann man dagegen nicht wirklich viel machen (außer, man möchte sowieso kündigen).

In solchen Fällen hilft es nur noch, sich daran zu gewöhnen bzw. eine Möglichkeit zu finden, wie es einem nicht mehr so viel ausmacht. Hierbei kann Ihnen regelmäßige Meditation ganz gut behilflich sein. Eine weitere Möglichkeit wäre es, sich nach jedem Mal, wenn man von der Person gestresst wird, im Anschluss mit etwas Positivem abzulenken (z. B. ein gemütlicher heißer Kaffee).

Deadlines

Gemeinsam mit den zwei anderen Faktoren können auch feste Deadlines hohe Stresslevel bei uns verursachen. Hierbei ist eine Sache allerdings ein wenig knifflig: In vielen Fällen haben wir gar keine Kontrolle darüber, wie viel Zeit uns noch für die Einhaltung einer Deadline bleibt.

Klassische Beispiele hierfür: Eine fällige Zahlung oder eine vom Chef beauftragte Aufgabe. Was kann man also tun, wenn man vielleicht sogar mehrere Deadlines auf einmal einhalten muss und langsam, aber sicher merkt, wie man immer gestresster wird?

Entspannen Sie sich! Das hört sich vielleicht erst einmal ziemlich suspekt an, hilft aber in der Regel enorm. Lassen Sie mich das ganze noch einmal genauer erklären:

Mit „entspannen“ ist natürlich nicht gemeint, dass Sie es sich den ganzen Tag lang auf dem Sofa gemütlich machen können. Es heißt viel eher, dass

Sie zunächst dafür sorgen sollten, dass Ihre Gedanken ein wenig freier werden. Dies macht den nächsten Schritt nämlich um einiges einfacher und erträglicher.

Bevor wir zu Schritt 2 kommen, sind hier aber noch ein paar Ideen, die Ihnen beim Entspannen helfen könnten:

1) Meditieren Sie 10 – 15 Minuten
2) Kochen Sie etwas (nichts Aufwendiges!)
3) Trinken Sie einen Kaffee oder Tee an einem friedvollen Ort in Ihrer Nähe (z. B. Ihr eigener Balkon).
4) Lesen Sie ein paar Seiten in Ihre Lieblingsbuch.

So: In Schritt 2 geht es nun darum, mit der neu gewonnenen inneren Klarheit einen realistischen Plan anzufertigen. Listen Sie zunächst alle Dinge auf, die erledigt werden müssen und versuchen Sie anschließend, einen realistischen Plan aufzuarbeiten.

Hierbei muss beachtet werden, dass Sie sich zwischendurch genug Erholung und Abwechslung gönnen, um keinen Burnout zu erleiden. Versuchen Sie es mal mit der neu gelernten ALPEN-Methode!

Die eigene Einstellung

Und wieder einmal schafft es der Perfektionismus, in den Vordergrund zu gelangen, denn ziemlich oft ist es tatsächlich einfach nur die eigene Einstellung, die uns stresst. Wir sind leider nun mal sehr gut darin, uns mehr zu stressen als nötig.

Berücksichtigen Sie die in dem Kapitel „Perfektionismus“ erwähnten Maßnahmen und versuchen Sie Ihre Stressfaktoren in einem anderen Licht zu sehen. Erkennen Sie, dass sich jeder Stressfaktor eliminieren oder zumindest schmälern lässt, wenn man es nur wirklich will.

Wie kann man sich besser konzentrieren?

Auch, wenn man die Wichtigkeit der Aussage „fokussieren Sie sich auf den ersten Punkt auf Ihrer To-Do-Liste" zu 100 % nachvollziehen kann, ist es dennoch nicht unbedingt einfach, dieses Vorhaben auch in die Tat umzusetzen.

Wussten Sie, dass laut der Einschätzung von Lehrern etwa 75 % aller Schüler akute Probleme damit haben, sich richtig konzentrieren zu können? (Achtung: Dies ist keine feststehende Zahl, sondern lediglich eine universelle Einschätzung).

Doch nicht nur das: Auch bei Erwachsenen, die fest im Berufsleben stehen, wird dieses Problem immer wieder erkennbar.

In diesem Abschnitt möchte ich daher ein wenig näher darauf eingehen, woher diese Konzentrationsprobleme kommen & wie man am besten mit ihnen umgehen sollte.

Stellen wir uns hierfür zunächst einmal die Frage, wie man „Konzentration" überhaupt definiert, denn wie bei so vielen anderen Themenfeldern auch, ist für die Verbesserung einer bestimmten Situation erst einmal ein grobes Wissen darüber notwendig, womit man es überhaupt zu tun hat.

Also: Ein Mensch, der konzentriert ist, befindet sich mit seinen Gedanken zu 100 % bei seiner aktuellen Tätigkeit / seiner aktuellen Situation. Sinneseindrücke, die nichts mit dem aktuellen Moment zu tun haben, werden nur noch im Hintergrund wahrgenommen.

So würde z. B. ein Sportler, der sich aufs Joggen konzentrieren, das Bellen eines Hundes neben ihm zwar hören, aber nicht darauf reagieren. Stattdessen ist er u.a. mit seiner Atmung und Geschwindigkeit beschäftigt.

Warum ist es schwer, konzentriert zu bleiben?

Sich auf etwas zu konzentrieren, hört sich in der Theorie doch eigentlich ziemlich simpel an... Wieso ist es dann teilweise so schwer, das Theoretische auch in der Praxis umzusetzen?

Nun, hierfür gibt es tatsächlich keine universelle Antwort. Vielmehr kann eine Konzentrationsschwäche von verschiedenen Faktoren verursacht werden, welche wir uns natürlich ein wenig genauer anschauen.

Faktor 1: Frustration

Vielleicht kennen Sie das ja selbst. Eines Ihrer Vorhaben kostet Sie viel mehr Energie, als Sie erwartet haben und / oder Sie sind sehr unzufrieden mit den Ergebnissen, die Sie erhalten.

Negative Situationen wie diese wirken sich sofort auf unser Gemüt aus: Die Tätigkeit bringt uns nicht mehr so viel Freude und Frustration macht sich breit.

Da unser Gehirn darauf ausgelegt ist, negative Emotionen loswerden zu wollen, beschäftigt es sich nun mit anderen Dingen, die bei uns wieder für eine bessere Gefühlslage sorgen könnten.

Oder anders gesagt: Wir richten unseren Fokus nicht mehr auf die Aufgabe, die vor uns steht, sondern schweifen gedanklich ab.

Faktor 2: Ablenkungen

Selbst, wenn sich eine gewisse Toleranz gegenüber dem eben erwähnten Vermeidungsverhalten entwickelt hat, laufen wir immer noch Gefahr, unseren Fokus zu verlieren.

Wenn eine äußerliche Ablenkung stark / aggressiv genug ist, dringt sie meistens auch dann durch, wenn wir uns eigentlich auf etwas anderes konzentrieren möchten.

Das große Problem hierbei: In der heutigen Zeit sind solche „starken„ Ablenkungen überall um uns herum! Es muss nur einmal das Smartphone klingeln und schon denken die meisten Leute sofort daran, die Nachricht lesen zu müssen.

Faktor 3: Überlastung

Natürlich ist es ganz normal, dass man mal einen stressigen Tag hat, an dessen Ende man froh ist, endlich entspannen zu können. Durchlebt man solche Tag allerdings zu oft hintereinander, läuft man Gefahr, sich selbst zu überlasten.

Selbst dann, wenn man noch nicht vor dem berühmten Burnout steht, sollte man körperliche Anzeichen von Überlastung auf gar keinen Fall ignorieren, da diese nicht nur dafür sorgen, dass die allgemeine Konzentrationsfähigkeit abnimmt, sondern ebenfalls andere gesundheitliche Risiken bergen.

Also: Sollten Sie sich über mehrere Tage hinweg schlapp, unkonzentriert und energielos fühlen, ist es, um wieder volle Leistungen bringen zu können, essenziell, eine längere Pause einzulegen.

Vorbeugung

Auch bei Konzentrationsschwächen ist es eine gute Idee, die richtigen Vorbeugemaßnahmen zu ergreifen. Immerhin sind diese nicht allzu kompliziert und können dennoch einen großen Einfluss auf das allgemeine Wohlbefinden sowie natürlich die Leistungsfähigkeit haben.

Maßnahme 1: Immer schön hydriert bleiben!

Wie Sie vermutlich schon mehrmals gehört haben, besteht unser Körper zu einem Großteil aus Wasser. Wenn wir langfristig konzentriert arbeiten möchten, müssen wir also darauf achten, genug Flüssigkeit zu uns zu nehmen.

Ein durchschnittlicher Erwachsener sollte an Tag ungefähr 2 - 3 Liter trinken. Falls Sie zu der Art Mensch gehören, der das Trinken immer mal wieder vergisst oder ganz einfach zu faul dafür ist, sind hier ein paar Tipps, die Ihnen helfen können:

- Benutzen Sie große Behälter (z. B.: Shaker mit 500 ml Fassungsvermögen), um eine bessere Übersicht über die bereits zu sich genommene Menge zu erhalten
- Probieren Sie mehrere Teesorten aus, bis Sie einen gefunden haben, der Ihnen schmeckt. Sobald das erledigt ist, können Sie eine Kanne (ca. 1,5 Liter) ganz gemütlich über den Tag verteilt trinken.
- Kaufen Sie sich kalorienfreie Getränkepulver, wenn Ihnen der Geschmack von reinem Wasser nicht zusagt

Maßnahme 2: Ausgeglichenheit

Unser Gehirn ist ein wahrer Supercomputer. Dennoch braucht selbst der leistungsfähigste Computer dieser Welt auch mal eine Pause!

Achten Sie daher darauf, auch „konzentrationsfreie" Tätigkeiten in Ihren Alltag zu integrieren. Unter anderem könnten Sie z. B. Musik hören oder sich auf einen Kaffee mit Freunden treffen.

Maßnahme 3: Meditation

Meditation ist eine der besten Gewohnheiten, die Sie sich aneignen können, wenn Sie sich nach Leistungsfähigkeit und Wohlbefinden sehnen. Durch die regelmäßige Ausführung von Meditationsübungen können Sie es schaffen, langfristig ausgeglichener und fokussierter zu werden.

Hier sind ein paar der beliebtesten Übungen, die man auch als Anfänger ausführen kann:

Mantras

Viele Menschen denken sofort an das bekannte OM-Mantra, wenn Sie das Wort Meditation hören. Versuchen Sie es selbst einmal und Sie werden verstehen, warum dem so ist!

Als ein Mantra bezeichnet man bestimmte Geräusche / Wörter, die während der Meditation stetig wiederholt werden. Der Meditierende fokussiert sich also vollkommen auf das von ihm auserwählte Mantra.

Die Ausführung ist eigentlich ziemlich simpel: Mantra aussuchen (z. B. „OM"), bequeme Position einnehmen und bei jedem Ausatmen das Mantra aussprechen. Wenn Ihnen das zu unangenehm sein sollte, können Sie es auch nur in Ihrem Kopf wiederholen.

Das Nichts

„Das Nichts" ist die anspruchsvollste der hier aufgelisteten 5 Übungen. Das Ziel ist es, in einen Zustand vollkommener Entspannung zu gelangen, in dem man einfach nur „ist".

Die Ausführung funktioniert folgendermaßen:

Nehmen Sie eine Position ein, die Sie als angenehm Empfinden. Schließen Sie Ihre Augen und versuchen Sie, an nichts zu denken. Jeglichen Gedanken, die Ihnen in den Sinn kommen, sollten keine große Beachtung geschenkt werden.

Lassen Sie sie ganz einfach genauso schnell wieder gehen, wie sie gekommen sind.

Fokus auf die Atmung

Wie der Name bereits verrät, geht es bei dieser Übungsvariante um eine bewusste Atmung.

Nehmen Sie wieder einmal Ihre Lieblingsposition ein und beginnen Sie damit, bewusst vier Sekunden lang ein- und acht Sekunden lang auszuatmen. Diesen Rhythmus erhalten Sie so lange aufrecht, wie es für Sie angenehm ist.

Anschließend atmen Sie so, wie es für Sie am natürlichsten ist, richten Ihre Konzentration aber dennoch stets auf die Atmung.

Laufmeditaton

In der Regel werden Meditationsübungen im Sitzen oder Liegen ausgeführt. Dennoch gibt es tatsächlich auch die Möglichkeit, während des Laufens zu meditieren.

Hierzu haben Sie zunächst 2 Möglichkeiten: Entweder Sie suchen sich eine bestimmte kleine Strecke aus, die Sie ablaufen, oder Sie machen ganz einfach einen Spaziergang. Für welche Möglichkeit Sie sich entscheiden hat keinen Einfluss auf die eigentliche Übung, solange die Strecke ungefährlich ist.

Laufen Sie wie gewohnt los und achten Sie dabei auf alle Sinneseindrücke, die Sie erhalten. Wie fühlen sich Ihre Beine und wie schnell laufen Sie? Ist das Klima eher warm oder kalt? Bewegen Sie vielleicht Ihre Arme mit oder können Sie in der Nähe ein paar Vögel hören?

Musik & Töne

Hier geht es darum, den gesamten Fokus auf die Geräusche zu legen, die man wahrnimmt. Wenn Sie möchten, können Sie während der Meditation ein wenig Musik anmachen, solange diese keinen Gesang enthält und Sie nicht allzu stark ablenkt.

Die Ausführung besitzt viele Ähnlichkeiten mit der der anderen Übungen: Nachdem Sie eine angenehme Position eingenommen haben, richten Sie Ihren Fokus auf die Töne, die Sie wahrnehmen.

Maßnahme 4: Schlaf

Schlaf ist ein enorm wichtiger Faktor, wenn es um die Konzentrationsfähigkeit geht. Während ein durchschnittlicher Mensch in etwa 7 - 9 Stunden Schlaf in der Nacht benötigt, brauchen manche Einzelfälle auch mal etwas weniger oder mehr.

Eines ist aber bei allen Stereotypen wichtig: Der Schlaf muss erholsam sein! Um das zu schaffen, sind hier ein paar Tipps:

- Bewegen Sie sich tagsüber (machen Sie Sport oder gehen Sie spazieren)
- Meditieren Sie regelmäßig
- Achten Sie darauf, vor dem Schlaf keinen Alkohol und schwere Mahlzeiten zu sich zu nehmen
- 2 Stunden vor Schlafenszeit sollten Sie auf Koffein verzichten und einen Blaulichtfilter bei Ihren technischen Geräten einschalten
- Das Bett sollte ausschließlich für den Schlaf benutzt werden. Sich tagsüber ins Bett zu legen, um sich z. B. ein paar Videos anzusehen, ist tabu!
- Wenn möglich sollte man jeden Tag zur selben Uhrzeit aufstehen und ins Bett gehen
- Lüften Sie Ihren Raum 20 - 30 Minuten gut durch, bevor Sie sich schlafen legen

Maßnahme 5: Der Cola-Trick

Vielleicht wird Ihnen das erst einmal schwerfallen zu glauben, aber tatsächlich kann es helfen, vor einer längeren Arbeits- oder Lernzeit mit einem zuckerhaltigen Getränk zu gurgeln.

Die kleine Menge an Zucker, die dadurch auf der Zunge landet, reicht aus, um die Konzentration zu steigern und mehr Energie zu erzeugen. Belassen Sie es aus gesundheitlichen Gründen aber am besten bei dem Gurgeln.

Wenn Sie stattdessen jedes Mal ein Glas trinken, nehmen Sie zu viel Zucker zu sich!

Übungen

Zu guter Letzt gibt es auch noch mehrere Übungen, die Sie als eine Art Training regelmäßig ausführen können. Machen Sie es sich zur

Gewohnheit, mindestens einmal täglich einer der hier aufgelisteten Übungen auszuführen und Sie werden garantiert Erfolge beobachten können.

Übung Nr.1 Rückwärts schreiben

Ja, diese Übung ist genauso schwer, wie Sie sich anhört! Wählen Sie, je nach Erfahrung, ein kurzes Wort, ein langes Wort oder einen ganzen Satz aus und schreiben Sie die Buchstaben verdreht von rechts nach links auf.

Übung Nr.2: Sekundenzeiger

Die Wirkung dieser Übung ist mit der einer Meditationsübung zu vergleichen. Stellen Sie für die Ausführung zunächst eine analoge Uhr vor sich und warten Sie darauf, dass der Sekundenzeiger auf der 12 landet.

Für die nächsten 60 Sekunden besteht Ihre Aufgabe nun darin, den Zeiger aktiv zu verfolgen. Versuchen Sie, an nichts anderes zu denken und einfach nur den Zeiger im Auge zu behalten. Es ist schwieriger, als Sie denken!

Übung Nr. 3: Zähneputzen

Auch diese Übung ist, vor allem bei der ersten Ausführung, alles andere als einfach, auch wenn die Ausführung an sich nicht kompliziert ist. Sie haben nur eine einzige Aufgabe: Putzen Sie sich die Zähne. Anstatt die gewohnte Hand zu verwenden, wechseln Sie allerdings zur Anderen. Als Rechtshänder würden Sie also mit links putzen.

Übung Nr. 4: Rückwärts erinnern

Damit diese Übung ihr volles Potenzial entfalten kann, benötigen Sie eine weitere Person. Setzen Sie sich also abends mit einem Mitbewohner oder Ihrer Partnerin / Ihrem Partner für ein paar Minuten zusammen und beginnen Sie damit, von Ihrem Tag zu berichten.

Der Haken daran: Sie erzählen nicht von morgens bis abends, sondern rückwärts, also von abends bis morgens! Versuchen Sie, so gut es geht an alle Tätigkeiten / Momente Ihres Tages zu denken, damit eine maximale Konzentration erforderlich ist.

Übung Nr.5: Anfangsbuchstaben vertauschen

In der deutschen Sprache gibt es mehrere Wörter, die aus zusammengesetzten Hauptwörtern bestehen. Beispiele hierfür sind Arbeitstag, Zugunglück oder Wasserflasche. Um Ihre Konzentrationsfähigkeit nachhaltig zu verbessern, können Sie sich ein paar dieser Wörter aussuchen und in Ihren Gedanken die Anfangsbuchstaben der Hauptwörter vertauschen.

Aus „Arbeitstag" wird z. B. „Trbeitsaag"

Übung Nr.6: Koffer packen

Zu guter Letzt haben wir noch ein Spiel, welches Ihnen mit Sicherheit schon bekannt ist: Koffer packen! Falls Sie es nicht kennen, sind hier die Spielregeln:

Zunächst benötigen Sie mindestens einen weiteren Mitspieler. Nun beginnen Sie damit, sich einen Gegenstand auszusuchen, den Sie in Ihren imaginären Koffer packen. Der Mitspieler muss Ihre Auswahl nun wiederholen und ebenfalls einen Gegenstand hinzufügen.

Das Ganze läuft dann also ungefähr so ab:

Sie: In meinen Koffer packe ich eine Zahnbürste

Mitspieler: In meinen Koffer packe ich eine Zahnbürste und ein Buch.

Sie: In meinen Koffer packe ich eine Zahnbürste, ein Buch und eine Brille.

Mitspieler: In meinen Koffer packe ich eine Zahnbürste, ein Buch, eine Brille und einen Pulli. usw.

Fazit

Das Leben ist nicht immer leicht. Es versetzt uns in Situationen, die manchmal weder einfach noch fair sind. Im Gegensatz dazu gibt es aber immer noch Dinge, die wir sehr wohl kontrollieren können!

Das Pareto-Prinzip zeigt uns, dass Produktivität und Zeitmanagement zwei Faktoren darstellen, in denen wir uns stetig verbessern können. Und wenn wir diese Dinge erst einmal gemeistert haben, öffnen Sie uns die Türen zu vielen weiteren Verbesserungen in unserem Leben.

In diesem Sinne: Bleiben Sie positiv und bereichern Sie Ihr Leben mit den neu gelernten Prinzipien!

Pareto-Prinzip

Wie das Pareto-Prinzip und Minimalismus Ihr Zeitmanagement verbessert und Sie mit 20 % Einsatz 80 % Ergebnisse erreichen und Ihnen somit mehr Zeit für das wesentliche im Leben bleibt.

Für Fragen und Anregungen:
berisha-sales@outlook.de

1. Auflage

Kontakt: berisha-sales@outlook.de

Covergestaltung: Flamur Berisha

Coverfoto: https://stock.adobe.com/de/

Printed in France by Amazon
Brétigny-sur-Orge, FR

12022558R00050